最新宝宝成长百科

【法】奥利维亚·托嘉　巴拉 / 著
王萍 / 译

青岛出版社
QINGDAO PUBLISHING HOUSE

图书在版编目（C I P）数据

最新宝宝成长百科 / （法）奥利维亚·托嘉著，（法）巴拉；王萍译.
— 青岛：青岛出版社，2013.6
ISBN 978-7-5436-9478-1

Ⅰ. ①最… Ⅱ. ①奥… ②巴… ③王… Ⅲ. ①婴幼儿—哺育
—基本知识 Ⅳ. ①TS976.31

中国版本图书馆CIP数据核字（2013）第135653号

书　　名　最新宝宝成长百科
作　　者　［法］奥利维亚·托嘉　巴拉
译　　者　王　萍
出版发行　青岛出版社
社　　址　青岛市海尔路182号（266061）
本社网址　http://www.qdpub.com
邮购电话　010-85787680-8015　13335059110
　　　　　0532-85814750（传真）　0532-68068026
责任编辑　刘晓艳　　　E-mail：qdpublxy@126.com
特约编辑　姚珊珊
封面设计　长　虎
版式设计　长　虎
印　　刷　三河市南阳印刷有限公司
出版日期　2013年7月第1版　　2013年7月第1次印刷
开　　本　32开（880mm×1230mm）
印　　张　8
字　　数　129千
书　　号　ISBN 978-7-5436-9478-1
定　　价　28.00元
编校质量、盗版监督服务电话　4006532017　0532-68068670
青岛版图书售后如发现质量问题，请寄回青岛出版社出版印务部调换。
电话：010-85787680-8015　0532-68068629

序言

闭上眼睛想象一下20年以后……

“妈妈，我第一颗乳磨牙是在几岁长的？”

“妈妈，我几岁得的麻疹？”

“妈妈，我说的第一个字是什么？”

“呃……嗯……其实吧……我不记得了，毕竟是20年前的事了。”

“哼！太丢脸了！什么都不记得，真是个不称职的妈妈。”

赶紧睁开眼睛。呼——噩梦结束了。

现在，您手上拿到了《最新宝宝成长百科》这本书，也就意味着您得救了。

生养孩子的确是件美好的事情，在这一过程中到处充满着各种温馨的、令人惊喜的趣事，但是也不乏一些无关痛痒的无聊事，比如宝宝磕磕碰碰地弄痛了自己，给宝宝喂胡萝卜泥吃，宝宝长尿布疹了，宝宝又进步了等。这一切一切的事情，其出现次数太过频繁了。

然而，众所周知，人类的记忆是有选择性的。在5年、10年，甚至更久以后，您是否还能记得孩子说“敲壳”要巧克力吃时的情景？是否还能说出是谁在宝宝出生时送了一个毛绒玩具？是否还能指出孩子第一次翻身是在几岁？

有了这本《最新宝宝成长百科》，就意味着您找到了一位知心伴侣，它会陪您一起在宝宝出生的第一年里照顾他。每个月您都应该发现宝宝的进步，并把它记录下来。慢慢地，您就能将这些美好的回忆保存至将来。

这样，您以后就能从容应答宝宝的问题了。（宝贝，你以后这些问题能难倒我吗？嗯？）

一日良母，终身良母!

第1天

宝宝的照片

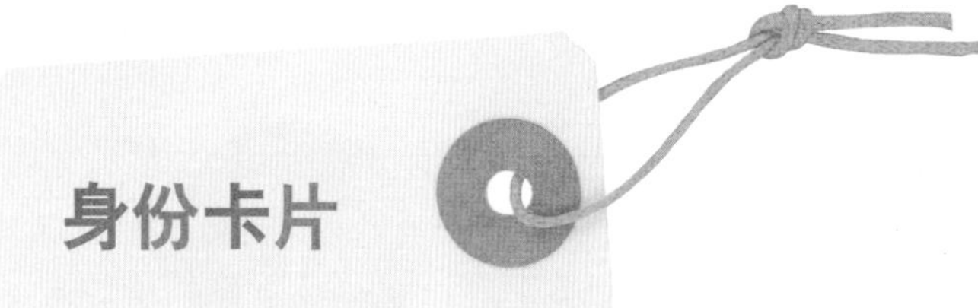

我的名字是……………………

名字由来：

- □ 因为这是我爷爷/叔叔/妈妈初恋情人的名字
- □ 因为只有这个名字是我爸爸妈妈都赞同的
- □ 因为我父母在他们初次见面时就已经想好了这个名字
- □ 因为找不到更好的名字了

我差点儿叫……………………

我出生于

……年……月……日……时……分

出生地：……………………

爸爸的照片

我的爸爸

姓名：……………………

年龄：……………………

妈妈的照片

我的妈妈

姓名：

年龄：

☐ 我是家中的独生子/女

☐ 我有兄弟姐妹：

我的哥哥 / 弟弟

名字：

年龄：

我的姐姐 / 妹妹

名字：

年龄：

我的体重：

身高：

头围：

小常识！

在某些医院，医生不会在孩子出生时就立刻给孩子量取身高，而是在数日之后。

我的出生日期：

☐ 很准时

☐ 提前了……周

☐ 推迟了……天

我是这样出生的：

□ 顺产

□ 剖宫产

我出生时的趣事：

（比如：我是在出租车上出生的；产科医生当时来晚了；爸爸在去医院的路上横冲直撞……）

………………………………………………………………

………………………………………………………………

………………………………………………………………

爸爸一直在产房门口等着？

□ 是

□ 算是吧（但是他当时昏过去了/睡着了/把助产士给咬了……）

………………………………………………………………

………………………………………………………………

□ 不是 ………………………………………………

爸爸给我剪断了脐带？

□ 是

□ 不是

当时的情景：………………………………………………

………………………………………………………………

我头发的颜色：

头发的密集程度：

➜ 小常识！

宝宝出生时头发的长短、浓密程度不能代表他以后头发长短、浓密的程度。此外，因为宝宝的头发以前一直浸泡在羊水里，所以可以试着用吹风机吹一下。

眼睛的颜色：

☐ 黑色

☐ 无法判断（因为宝宝眼睛睁得不够大）

☐ 其他

我长得像：

（妈妈和她的家人）

（爸爸和他的家人）

我的长相有些不尽人意！（比如：梨形头、丘疹……）

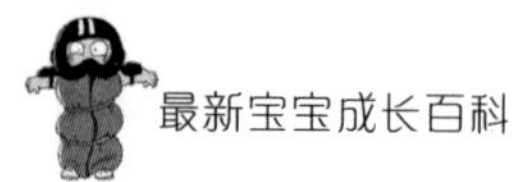

我穿的第一套衣服：

我的食粮：

□ 母乳

□ 奶粉

我第一次吃奶时的趣事：

妈妈当时的反应和表情：

爸爸当时的反应和表情：

我当时的反应和表情：

星座：

上升星座：

所属星座的意义：

属相：

妈妈的疲劳程度?

□ 还行　□ 还能撑过去　□ 有很深的黑眼圈

我的本领

为了确保宝宝各个身体器官都运转良好，需要在其出生时给他做一系列的检查测试。因为不是每家医院检查测试的标准都相同，所以，做一次全面的复查是必不可少的。

儿科医生一般会给宝宝检查心脏、肺、髋部、腹腔、口腔（以确认是否有腭裂迹象）、耳朵、眼睛等。此外，还需抽取宝宝的血液（在脚后跟抽血，这样就不会产生痛感）以检测其是否有甲状腺、肾上腺疾病或先天性黏液稠厚症。

另外，还必须就宝宝的反射做一系列的检测，因为反射是衡量身体发育是否良好的重要指标。

➔ 小常识！

原始反射是初生婴儿对外界刺激作出的一些无意识的反应，这些反应不经由大脑控制，而主要靠脑干和脊髓发挥作用。原始反射的存在表明儿童成功地融入了他周围的环境。该反射中的部分反射会随着宝宝的发育而逐渐消失，而其他反射则会被保留下来并不断地得到完善。

吮吸和吞咽

如果我们把一根手指放在宝宝嘴里，宝宝会马上合上嘴巴并吮吸手指。与此同时，他还会有吞咽动作——这两个动作的连贯性使得宝宝能够自己吸奶。

头部的转向

如果我们触摸宝宝的脸颊、嘴角，他会下意识地把头转向被触摸的方向，并做出吮吸的动作。

下意识的行走

如果宝宝被人用手从腋下托起，并且脚着地的话，他会自己站直。如果此时他的身体是向前倾的话，那他就会下意识地走几步路。

不过这种反射很快就会消失，宝宝还须再等一年才能独立地行走。

抓握反射

如果我们把一根手指放到宝宝手里，他就会紧紧地抓住不放。如果我们把两根手指分别放到宝宝的左右手里，我们就可以把宝宝拎起来并使他处于半蹲的姿态。

如果我们轻挠宝宝的脚掌，他的脚趾同样会有这种抓握反射。

交叉延伸

如果我们按着宝宝的右小腿，轻挠他的右脚掌，那么他会用他的左脚踢开我们的手。

莫罗氏反射

用一只手托着宝宝的背，另一只手托着他的头，再出其不意地让他的头往前倾，此时宝宝会把两只胳膊往两边打开，伸展手指，然后再做出拥抱的姿势把胳膊收回，往往会伴有啼哭。我们在最后才做这一测试，就是因为它会弄哭孩子。另外，其他一些极其突然的动作或声音都会引起这一反射。

虽然宝宝身上还存在着很多形式的反射，但是我们只需做几个测试就足以判断宝宝是否发育完全。

我在医院待了……天。

我在暖箱/育婴室待了……天。

妈妈有没有和别人共用病房？

□有，和……共用

□没有

我的“室友”叫……

我有没有得过黄疸？

□有　□没有

我有没有做过紫外线治疗？如果有，是怎么进行的？

谁来看过我？

我收到的第一批礼物：

儿科医生的探视

□ 一切顺利

□ 还需观察体重的增长情况

□ 其他：

妈妈第一次给我洗澡的经历如何？

□ 很传奇

□ 很神奇

□ 很有效率

□ 其他：

带我回到家后，父母的反应是（可多选）

□ 淡定

- □ 紧张
- □ 觉得很幸福
- □ 到处找育儿书籍
- □ 感觉很满足
- □ 其他：

从出生到第一个月

我的发育情况

第一周：身高……………cm，体重…………… kg

第二周：身高……………cm，体重…………… kg

第三周：身高……………cm，体重…………… kg

第四周：身高……………cm，体重…………… kg

关于我体重增加期间的趣事

一切都很顺利？我体重增加速度缓慢？

…………………………………………………………

…………………………………………………………

…………………………………………………………

…………………………………………………………

…………………………………………………………

小常识!

宝宝出生时的平均体重为3.2千克。当然了，这只是个参考数据。如果你的宝宝远没有这么重的话，也请不要惊慌。因为影响宝宝体重的因素有很多，比如，体形肥胖的父母生出来的孩子肯定要比体形瘦小的父母生出来的孩子重得多。在前3个月里，宝宝的体重每天会增加20~30克，也就是说，每个月会增加800~1000克。之后，宝宝每天增加的重量会逐渐减少。

对宝宝体重增加的观察十分重要，尤其是在1岁以前。

为了确保宝宝发育良好，我们建议父母在带宝宝去做例行检查时，让专业医生给宝宝称一下体重。

此后也还需每月给孩子称一次体重。

我的饮食情况

第一周：每……………小时喝一次奶

第二周：每……………小时喝一次奶

第三周：每……………小时喝一次奶

第四周：每……………小时喝一次奶

我喝奶时的趣事

我喝得特别多？我喝着喝着就睡着了？我一口气就把一瓶奶喝光了？

……………………………………………………

……………………………………………………

……………………………………………………

当我饿了（可多选）

☐ 我就号啕大哭

☐ 我全身发红/紫

☐ 我吃自己的拳头

☐ 其他：……………………

……………………

我饿了时的趣事

我会大哭以引来周围所有人的注意？（这样的话，大家就会说："她怎么不喂孩子吃奶？"）

……………………

……………………

……………………

我的睡眠情况

我每天晚上醒…………次

我需要这样才能入睡：

☐ 被人摇晃

☐ 在爸爸/妈妈的怀里

☐ 什么都不需要

☐ 其他：……………………

……………………

我睡觉时的趣事

我睡觉时双臂大开？我会发出一些搞怪的声音？

……

……

……

……

➜ 小常识！

人们常用“熟睡得像个婴儿”来形容一个安稳觉，但是事实上，我们需要纠正一下，应该说“熟睡得像个少年”。因为小孩子尤其是婴儿的睡眠质量很差：他们经常饿醒，又或者经常睡不着。他们有规律、高质量的睡眠需要在几个月后才能形成。

我们认为在宝宝体重达到5千克时，他才能拥有足够的抵抗力来维持几个小时的睡眠（千万不要指望这个体重能够维持12小时以上的睡眠）。

我的睡眠质量

☐ 容易被惊醒

☐ 睡得不安稳

☐ 睡得很沉

☐ 其他：……

我的睡姿：

晚上是谁起床来照顾我？

☐ 妈妈　☐ 爸爸　☐ 第一个听到我哭声的人

☐ 爸爸妈妈轮流照顾

我夜间醒来时的趣事

妈妈听到我的哭声惊得从床上跳起来？爸爸主动来照顾我？妈妈摇醒爸爸？

小常识！

我们经常会发问：“小宝宝的父亲是不是个聋子？不然，他们晚上怎么听不到孩子哭呢？”其实是因为他们太信任妈妈了，认为她们会照顾孩子，这样的话，自己就可以接着睡了。可是，如果妈妈不在的话，照顾孩子的责任便会自然而然地落在他们身上，此时，他们只要听到一丁点儿哭声都会自动醒过来，因为他们一直处于“警戒”状态！

有些妈妈更愿意自己照顾孩子，尽管她们不敢承认这一点。照顾孩子或许很累人，但是给宝宝喂奶、换尿片，也正是妈妈表达自己爱意的大好机会。更何况，她们总是爱意泛滥。

我号啕大哭的次数

□ 不太多（只有当我饿了或是尿布脏了时，我才哭）

□ 很多（我肚子疼）

□ 数不清（哭声从未停止过）

我发脾气时的趣事

我特别想表达自己的意愿吗?

我的尘世生活

我遇见了谁?

我是世界第八大奇迹

我有漂亮的衣服、有趣的玩具和各种宝贝！

运动机能的发育

我的四肢始终蜷缩着，保持着在妈妈子宫里时的姿势。然而，随着时间的推移，我渐渐地可以伸展四肢了。当然了，抓握反射还没完全从我身上消失，我还是会紧紧地攥着别人放在我手里的东西。

我颈部的肌肉也开始慢慢地变结实了，尽管如此，它仍然没有强大到可以支撑我的头部。现在我虽然可以把头抬起来，但这个动作仅能维持几秒钟的时间。因此，在抱我的时候，请继续托着我的脖子。

到了快要满月的时候，我终于能够把脑袋立起来，和我的背部成一条直线了，不过，这种情况只限于我坐着的时候。

在这一阶段中，我的大部分时间还是花在睡觉上面，因此，我动得不多。你们会发现，我睡醒时和刚入睡时的姿势是一样的。到目前为止，我的四肢没有任何协调性，因此，我的一些动作手势在你们看来是毫无章法可言的。当然了，这一切都需要时间来改变。

感觉器官的发育

我的视力还没有发育完全，但这并不代表我什么都看不见。刚出生时，我的视觉敏锐度是常人的1/40。我不能根据距离的远近来调节我的视力范围，在我的视线里，一切事物都是模糊不清的。我既不能看清物体的轮廓，也分辨不出它们的颜色。我极其容易被晃到眼睛，只要光线稍微强一些，我就会不自觉地眨下眼睛。不过，我可以很轻松地感受到色差（黑和白、黄和蓝等）。满月时，我的视觉敏锐度会提高到常人的1/20。

我的听觉很好，再者就是，我能够很清楚地分辨出我爸爸妈妈的声音，因为当我待在妈妈肚子里的时候，我就时常听到他们的声音。

触觉是我五种官能里发育得最好的一种官能，我的身体时刻给我传送着来自外界的消息，而这些消息都是无比重要的。

我的嗅觉同样灵敏。如果我闻到一股令人作呕的气味，我的表情会不自觉地变得痛苦起来。我还能单独辨别出我妈妈的味道。她身上的气味让我感到安心、放松，还能帮助我入睡。

言语能力的发育

我的表达方式除了哭泣还是哭泣！但是，我的哭声所代表的含义都是不一样的，比如，我饿了、我想睡了、我想抱抱……我会变换我的哭声好让别人明白我想要什么（想要知道更多内容，请查阅第49页）。

情感机能/社交机能的发育

随着时间的流逝，我和身边人沟通的能力得到了提升：当我的视线停留在人们脸庞上时，我能够认出那些时常出现在我身边的人；我还能制造出一些声音。此外，我很喜欢妈妈和我讲话。

我喜欢那些色差感强烈的物品。

目前为止，我还不会玩玩具，但是，我可以通过我的视觉和触觉来观察周边的环境，在这一过程中，我的视线会停留在一个运动的物体上或者是一个挂在我床边的毛绒玩具上。

很显然，你们要把东西放在我眼前我才能够看清，不过，我对周围的一切都充满了兴趣，因为我是如此地好奇!

我最爱看的莫过于妈妈的脸庞：她的嘴巴一张一合，嘴角总是往上扬，她的眼睛到处乱转，这一切的一切在我看来都是如此的有趣。

如何陪宝宝一起玩：

> 近距离地和他讲话，并不时地变化语气语调。

> 教宝宝把舌头弹响。

> 保持微笑，把嘴张开。

> 在他眼前晃动双手。

我的食谱

这个月，我的食物还是母乳/奶粉。

如果是母乳喂养宝宝的话，根据他的需要大概一天喂6～8次。

如果宝宝是冲奶粉喝的话，那他每天需要冲泡6次一段奶粉，每次为60~90毫升。

妈妈开始对我进行人工喂养了？

- □ 我喝母乳或者冲泡奶粉都可以。
- □ 我不太喜欢那个塑料奶瓶。
- □ 我不想吸那个橡胶奶头，把妈妈的咪咪还给我。

我刚开始用奶瓶喝奶时的趣事：

宝宝是否出现过发烧、腹痛、吐奶或者其他不好的症状？

第一周：

第二周：

第三周：

第四周：

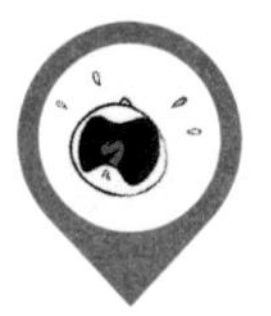

我的好伙伴——儿科医生

妈妈想向他请教的问题：

在请教过程中需要记录的重点：

爸爸的参与程度？

□ 尽其所能　□ 挑战了他能力范围之外的事　□ 他是位超级奶爸

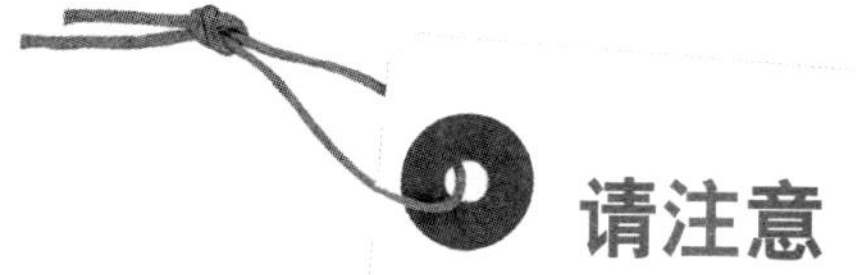

请注意

母乳喂养VS人工喂养

我不在乎是母乳喂养还是人工喂养，
只要不让我饿肚子就行！

母乳喂养还是人工喂养？这是一个让人争论不休的话题。此外，这也是一个经常导致人们失和的话题。在这场争论中，既有支持母乳喂养的阵营，也有支持人工喂养的阵营。这两大阵营的言语都十分犀利。

即使在一个家庭中，这个话题也是很令人头疼的（尤其是在婆媳之间）。

这两种喂养方式都有利有弊，没有谁可以把自己的观点强加给妈妈们。她喂养孩子的方式，完全由她自己决定。

但是对于准妈妈们而言，喂养方式的选择是十分困难的。因为如果她们没有尝试过任何一种方式，又如何知道哪种好哪种不好呢？因此，为了能够作出一个正确的决定，妈妈们有必要听取每个阵营的论据。

母乳喂养

母乳是最适合婴儿的食物，它能满足婴儿各方面的需求。

此外，母乳中含有多种抗体，可以提高婴儿的免疫力。

母乳喂养的话，婴儿可以根据他们的需求来决定喝多少奶，一般而言，他们总是能够准确拿捏出自己需要的剂量。他们只有饿了的时候才会吃奶。因此，母乳喂养能够完完全全地尊重婴儿的需求。

母乳喂养这一方式也十分方便：因为奶水时时刻刻都是已经准备好了的，其温度也总是适中的。另外，我们无须借助于其他器皿，也没有额外的清洗工作要做。

深夜时，也没有必要起床热奶。

此外，母乳喂养有助于建立良好的母子关系。

母乳喂养中的忧虑

我的奶水是否充足，是否足够优质?

这些是妈妈们最容易担心的问题（这些问题和“我是否会成为一位好妈妈”这个问题一样，位列妈妈们最常担心的5大问题之首）。

奶水是否充足?这恐怕是最难把握的事情了，因为有很多因素会影响乳汁的分泌，比如疲劳、缺乏睡眠、体内水分不足等。但是，妈妈们，请你们记住，你们的奶水永远是宝宝最好的食物。

➔ 小常识!

增加乳汁分泌量的小窍门：

＞多喝水。
＞经常把宝宝放在怀里。
＞吃一些其他的补充食物，比如啤酒酵母、茴香，及有利于乳汁分泌的汤药等。

母乳喂养是否会使乳房变形?

一些从未进行过母乳喂养的女人，她们的乳房下垂得厉害，相比之下，某些母乳喂养过几个孩子的女人反而拥有挺翘的胸部。因此，我们不能断言说母乳喂养会使得乳房变形。

只有突然性的变化才会引发一系列的后果，而规律性的母乳喂养只会逐步地缩小乳房的体积。

在分娩之前和喂养期间好好护理双乳、给肌肤补水都是很有效的保持乳房形态的方法。

我会不会一直被宝宝束缚着?

母乳喂养使得妈妈们不得不时刻待在宝宝身边，以满足他的需求。很显然，这种状况是令人很不爽的。不过，这只是个选择问题。如果你坚定地选择了母乳喂养这条路，那么你就能承受住一切的不快。相反，如果你动摇了，觉得不想再继续走这条路了，那么，也请不要产生任何负罪感。把你的这一决定告诉宝宝的儿科医生，并向他请教接下来吃什么食物对宝宝更好。

什么时候断奶?

长期母乳喂养孩子并不被人看好，并且你也需要好好考虑这一问题了！不过，你是唯一能够决定何时对宝宝进行人工喂养的裁判官。

人工喂养

人工喂养的话，我们就可以知道宝宝一次吃了多少奶，这种

这个，这个，还有这个……
天哪！到底该买哪个牌子的
奶粉嘛！

方式更易管理宝宝的食量，更易打消妈妈们担心宝宝没吃饱的这一疑虑。

同样的道理，既然我们能够通过这种方式更好地掌握宝宝的食量，也就能够更容易地调整宝宝的饮食规律（知道什么时候该给宝宝喂奶）。这也方便了日后减少宝宝喝奶的次数。

爸爸或者其他人也可以给宝宝喂奶，这样，妈妈们就可以更早地得到解脱。

另外，人工喂养可以使妈妈们在日后宝宝减重的过程中更方便地监督他的饮食情况。

奶粉的种类五花八门，我们可以根据宝宝的需要调制合适的奶粉。比如，假使宝宝吐奶的话，那就可以给他调制更浓稠的奶粉。奶粉的多样性给宝宝提供了更多的选择合格奶粉的机会。

人工喂养中的忧虑

如果我不进行母乳喂养的话，我是不是就不是位好妈妈了？

在如今这个人工喂养盛行的社会，母乳喂养婴儿反而更易获得他人尊重。因此，如果你选择在孩子一出生时就对其进行人工喂养，那么，你必定要承受其他人（比如你婆婆、产科医护人员等）不善意的眼光，她们会让你觉得很有负罪感。但是，如果说母乳喂养纯属个人的选择，那么人工喂养同样也是：你的理由同样能被他人所接受。

选什么奶粉？

当你在超市面对着架子上无数的桶装奶粉时，你一定会有些不知所措。因为，奶粉的种类实在是太过繁杂了，有时候，选择何种奶粉绝对是件令人头疼的事。

然而，最开始的时候，你不一定会考虑这个问题，因为一般而言，你的儿科医生会告诉你买哪种奶粉。不过过了一段时间，你可能会适当作一些调整，比如说，你的孩子吐奶了，他总是吃不饱，他消化不了等。根据产生问题的不同，作出的调整也就不同。但是，在决定换奶粉之前，最好和儿科医生谈谈。

给奶瓶消毒总是很折磨人?

虽然给奶瓶消毒有些烦琐，但是持续不了几个月（一般而言，到宝宝第四个月大时，就没有必要继续消毒了，因为那个时候，他什么都能吃了）。事实上，我们给奶瓶消毒并不是为了清除掉周围环境给它带来的脏东西，而是为了消灭奶渣所残留的微生物。

首先，需要细致地清洗奶瓶：要用专门的刷子把奶嘴和橡皮圈彻彻底底地清洗干净（应该把奶嘴和橡皮圈分开来清洗以免遗漏任何一个卫生死角），然后，就可以根据个人习惯对奶瓶进行消毒了：用电子灭菌器、微波灭菌器或快冷灭菌器（使用快冷灭菌器只是一种后备方案，因为宝宝不喜欢这种机器所释放出的气味）。

小常识!

>在宝宝1岁以前请用矿泉水调制奶粉，尽量挑选瓶身上注有“可供奶粉调制使用”字样的矿泉水。

>不要使用开瓶超过24小时的矿泉水。

>1勺奶粉搭配30克水。

笔记

我一个月大了！

我的发育情况

第一周：身高……cm，体重……kg

第二周：身高……cm，体重……kg

第三周：身高……cm，体重……kg

第四周：身高……cm，体重……kg

我的头发（颜色？浓密程度？）……

……

我的眼睛……

……

我胃口不错

每……个小时喝一次奶

关于我食量的小趣事

我是个十足的小吃货？我的胃比麻雀还小？……

……

……

……

……

我睡眠质量很好

我每天晚上醒…………次

我哭闹的次数

☐ 适中（因为一些众所周知的原因我才会哭闹，比如：尿布脏了，饿了等）

☐ 很多（我肚子疼）

☐ 极为频繁（从未停止过哭闹）

我的尘世生活

我遇见了谁?

我是世界第八大奇迹

我有漂亮的衣服、有趣的玩具和各种宝贝！

运动机能的发育

我的肌肉已经发育得不错，我也一天比一天强壮了。如果你们把我平放在地上，我可以把头仰起来几分钟——这也是只属于我自己的独一无二的运动方式。虽然这个动作持续不了多长时间，但是我每天都在不断地进步。

我现在也可以把头转向左边或是右边了，这使得我可以更全方位地观察周围的环境。天哪！要是我能触摸到我周围所有漂亮的东西那该有多好呀！要是我能从各个角度欣赏这些东西那就更妙了！

我的身体动作不再似以前那样不连贯了：虽然我还是什么都不会，但是至少我的手势动作比以前更丰富了。

我渐渐能伸展我的四肢了，我也开始慢慢地忘却自己在母体中的姿势了。

我的双手虽然不再像以前那样攥得分外紧了，但是我仍然会牢牢握住别人放在我手心里的东西。我也开始会盯着我的小手手看了，到目前为止，我还不知道原来它们是我身体的一部分，我只是觉得它们特别好玩，因为它们总是四处乱晃，并做出一些稀奇古怪的动作。

感觉器官的发育

我的视力渐渐变清晰了，我现在也终于可以自动调整我的视力范围了。所以，我现在能看清那些细小物体，最令人高兴的是我的视线能随着动态物体走了。不过，美中不足的是我的视力范围还是很有限，你们只有把玩具放在我眼前我才能看清它们。

我的听觉也更加灵敏了，我开始试着揣测声音发出的位置，不管怎么样，这让我乐在其中。

我的双手也很神奇。我经常吃手，这种感觉让我觉得很奇妙。我的嘴巴同样也在帮助我发现美好事物，对于任何我能塞进嘴的东西，我向来都是来者不拒。

言语能力的发育

对我来说，哇哇大哭一直都是最好的沟通手段。我已经明白了通过我的哭闹，可以把别人的注意力都吸引到我身上。当我哭闹时，我妈妈会过来看我，帮我检查我的尿布是否脏了，她还会轻轻地哄我。所以说，哭声绝对是个好东西！我会最大限度地利用这个宝贝。

我也开始尝试发出一些其他的声音，比如，咿咿呀呀的学语声，这种声音和哭闹声比起来或多或少地更动听些。但是，到目前为止，我还没有很好地掌握这种发声。有的时候，我会发出一声“啊”或者是“哦”，这让我妈妈觉得很激动。她貌似很喜欢我咿咿呀呀地说话，所以，我会试着说一些其他的词。

情感机能/社交机能的发育

随着我感知能力的健全，我对周围世界的了解越来越深。

我能轻松辨认出身边人的脸庞。在看到妈妈时，我会立刻停止哭泣。（除非我当时特别特别生气！）

我的最爱

我开始关注那些色彩斑斓的动态物体。当然了，我特别喜欢看妈妈的脸——因为她那张能做各种搞怪表情的面孔让我觉得特别滑稽。

当我吃手指或是吸奶嘴的时候，我显得特别安静，因为我喜欢这两样东西！

如何陪宝宝一起玩：

> 给他一些色彩缤纷或是能够发出声音的物体。

> 和他讲话，告诉他你正在干什么。

> 让他意识到他身体的存在：给他按按摩、挠挠痒（别太用力！）或是轻抚一下，这些动作都可以传递一些信息给宝宝。

妈妈开始对我进行人工喂养了？

☐ 我喝母乳或者冲泡奶粉都可以。

☐ 我不太喜欢那个塑料奶瓶。

☐ 我不想吸那个橡胶奶头，把妈妈的咪咪还给我。

我刚开始用奶瓶喝奶时的趣事：

我的食谱

这个月，我的饮食还是以喝奶为主。

如果是母乳喂养宝宝的话，根据他的需要大概一天喂5～6次。

如果宝宝是冲奶粉喝的话，那他每天需要喝5～6次一段奶粉，每次为120～150毫升。

宝宝是否出现过发烧、腹痛、吐奶或者其他不好的症状？

第一周和第二周：……………………………………

……………………………………

……………………………………

……………………………………

第三周和第四周：……………………………………

……………………………………

……………………………………

……………………………………

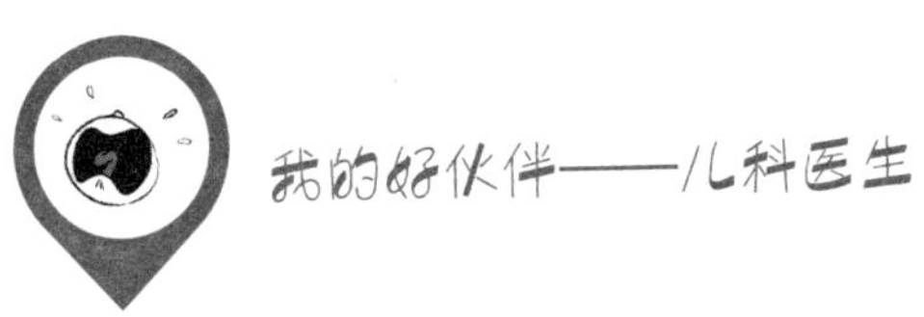

妈妈想向他请教的问题：

在请教过程中需要记录的重点：

哇——哇——

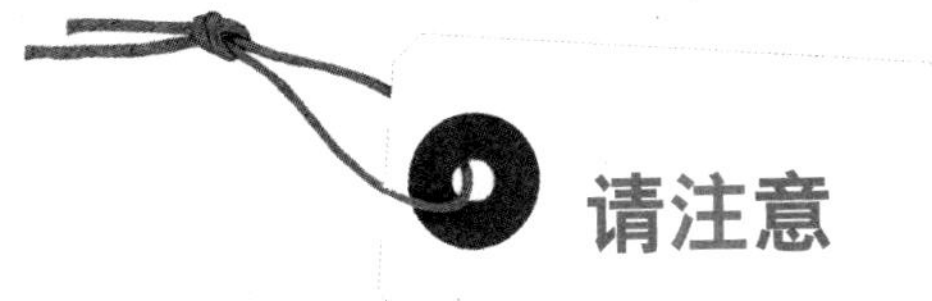

请注意

宝宝的“语言”

如果有人问你“提到宝宝，你想到的第一个词是什么？”，你很可能会说“哭声”。“宝宝”和“哭声”绝对是不可分割的一体。不哭闹的宝宝是不存在的！在儿科医生看来，哭声是衡量宝宝是否充满生气的一个标准。

请换位思考一下，如果你是个婴儿，如果你只有一种途径能让别人了解你的所需所求，难道你不会充分利用这唯一的途径吗？我知道，哭声对于我们来说绝对不是一种耳福，但是没有办法，谁叫宝宝只有这一种通过哭泣来表达自己思想的渠道呢？

但是，请注意了，当出现哭声的时候，请竖起你们的耳朵仔细听听，你们将不难发现这些哭声也分不同的音调，这是为了方便宝宝传达不同的信息。虽然引起宝宝哭闹的原因大多不值一提，但是要分辨出具体原因还是很困难的，我们不知道他是因为生理疼痛或者情绪不佳哭闹，还是只是为了吸引妈妈注意才哭闹。

最开始的时候，年轻父母面对宝宝的哭闹都是手足无措的，他们不知道为什么他要哭，但是过不了多久，他们便能学会通过宝宝不同的哭声来判断原因，并找到合适的方法来安抚他。

小常识！

要确定宝宝哭闹的原因，就要学会在宝宝哭闹最常见的原因中进行排除。饿了？尿布脏了？穿多/少了？困了？通过一一排查，你最终会找到正确答案的。

宝宝常用语一览表（可供父母翻译宝宝火星语使用）

哇哇！我饿了/我渴了

这是宝宝哭闹的首要原因。当宝宝饿了，他就迫切需要喂奶——没错！这绝对是十万火急！因此，他会在第一时间告诉你们。在这种情况下，没有什么会比哭声更吸引人注意的了！这种哭声一般都很刺耳，会越来越大声，堪称警报器！

如果你给他喂奶后他停止了哭闹，那就说明你成功破解了宝宝的信息。但是，注意了，请不要宝宝一哭，就给他喂奶。给他喂奶的确会让他放松下来，你的出现也的确会让他觉得安心，但是他很有可能只是需要你的爱抚，而不是喂奶！

哇哇！有东西让我觉得不舒服

尿布脏了、衣服太小了、太热了、太冷了……这一系列的状况都会让宝宝们觉得不舒服，为了让你们知道他们的处境，他们便会号啕大哭。

请检查一下宝宝的尿布是否干净，不过，注意了，动作要快！很多婴儿都不喜欢皮肤暴露在空气中的感觉，他们也不喜欢别人给他们脱衣服，还有些婴儿则不喜欢别人把他们平躺着放在地上或床上。你动作不够迅速的话，他们会哭得更加凶猛！（是谁说的照顾婴儿很简单？）

哇哇！我肚子疼！

这也是宝宝哭闹的主要原因之一。头三个月的时候，宝宝很容易腹泻，因为他的消化系统还没有发育完全。腹胀气及食物在腹中的流动过程都会让他觉得很痛苦。因为疼痛而发出的哭声是很难辨认出来的，在这种情况下，父母通常会觉得很无力，而孩子的哭声则会让他们的神经更加紧绷。

➜ 小常识！

给宝宝按摩按摩肚子，看看他是否会觉得舒服些。

宝宝哭声的弦外之音：

“我想打嗝却打不出来！”

哇哇！我生病了！

发烧、疼痛等都会引起宝宝的哭闹。在长牙齿的时候，宝宝更是爱哭。

必要的时候，给他吃点退热药或止痛药（当然了，事先请咨询一下儿科医生）。

哇哇！我困了！

我们认为如果宝宝困了，那他只要闭上眼睛就能睡着……呃！这种想法绝对是大错特错！有时候，如果一天的行程被排得太满的话(串门、应酬等)，宝宝就会觉得很疲惫，变得很烦躁，他已经受够了这一切的一切。

小常识！

为了帮助宝宝入睡，应该把他安置在一个安静的环境下，轻声细语地和他说说话以安抚他的情绪。在他觉得筋疲力尽的时候，他自然就会睡着。

宝宝哭声的弦外之音：

“我很生气！”

哇哇！我需要爱抚

宝宝也需要沟通和爱抚，他之所以哭是因为他想要大家抱抱他。有些小孩特别黏自己的妈妈，有些则不然。虽然没有任何迹象表明你的孩子会属于这两种类型中的哪一种，但是在不久的将来，你自然就会知道了。

有些父母不太愿意经常把孩子抱在怀里，是因为他们害怕这样会宠坏小孩，但是，你要知道，在孩子出生的头几个月里，他们还什么都不知道，他们更不会刻意去这么做。如果他需要爱抚，那就最好哄哄他，告诉他你一直在他身边陪他。

➔ 小常识！

如果你想在抱小孩的同时，能够腾出双手去做其他事情的话，不妨试试婴儿袋，这样的话，你既可以让宝宝一直待在你身边，又可以继续做自己的事情（当然了，这个动作一点都不高难度）。

宝宝哭声的弦外之音：

“我害怕妈妈不管我/不要我了！”“妈妈看起来情绪不高/很不安。”“我觉得很无聊！”“我很苦恼！”

哇哇！我哭仅仅是因为我想哭了

在排除了引得宝宝大哭的几个常见原因之后，如果宝宝仍旧哭个不停，那你们就可以断定他哭仅仅是因为他想哭了。

婴儿一般到了傍晚就会开始哭闹，这就是著名的“夜晚恐慌症”。目前为止，我们还不清楚引发此症状的具体原因，可能是因为宝宝白天的时候玩得太累了。总之，很多种原因都可以引发这种状况。

对此，父母也就无能无力了，只能轻声地和宝宝说说话，给他按按摩，让他觉得安心，以帮助他重拾内心的安宁。

宝宝哭声的弦外之音：

“只是想好好发泄一下我自己！”

小结篇之如何应对宝宝的哭声

> 抱抱他或者轻轻地摇几下摇篮。

> 检查一下尿布是否干净，衣服是否穿多/少了。
> 摸摸额头，看看他有没有发烧。
> 和他轻声地讲话，让他觉得心安。
> 爱抚一下他。
> 把他放在摇篮里，轻轻地摇。
> 给他唱唱歌。
> 给他洗洗澡。
> 给他喂奶（如果此时接近了喂奶时间）。
> 给他按按摩。
> 带他去个安静之处，或者带他去散散步。

宝宝苦恼时，父母应该

> 耐心
> 淡定

笔记

我两个月大了！

我的日常生活

我的发育情况

身高..................cm，体重............kg

➜ 小常识！

从第三个月开始，宝宝体重增加的速度减缓，在未来3个月里，宝宝每天增加的重量为20～25克（即每月增加重量为600～750克）。

我的头发（颜色？浓密程度？）

....

我的眼睛

....

我胃口不错

每..................个小时喝一次奶

我睡眠质量很好

我每天晚上醒............次

晚上，我的睡眠时间为............点至..........点

上午，我的睡眠时间为…………点至…………点

下午，我的睡眠时间为…………点至…………点

此外，我还能从…………点睡至…………点（我就是只睡鼠）

我哭闹的次数

□ 适中（因为一些众所周知的原因我才会哭闹，比如：尿布脏了，饿了等）

□ 很多（我肚子疼）

□ 极为频繁（从未停止过哭闹）

我的牙牙学语生活

关于我所讲的火星语的趣事……………………………………

……………………………………………………………………

……………………………………………………………………

……………………………………………………………………

我的尘世生活

我遇见了谁？

我是世界第八大奇迹

我有漂亮的衣服、有趣的玩具和各种宝贝！

我是个小大人！

我的愤怒、我做过的蠢事……以及我的小性子

我的战绩！

体能上的提升、手势动作或者言语表达……以向爸爸妈妈证明我在不断地进步成长

我的本领

运动机能的发育

我现在能把头立起来了，虽然姿势有点奇怪。如果你把我平放着，让我肚子贴地的话，我可以把头抬起来，看看远方的事物，我甚至还能把肩膀抬起来。尽管这些动作只能保持几秒钟的时间，但证明了我在不断地成长进步。

我的动作越来越连贯了，这说明我的协调性有了一定的提高。

我还可以大幅度地踢腿，把手伸向我想要抓住的物体，但是，我对距离的远近仍然没有任何概念！

尽管如此，我还是想把周围的一切都抓在手里、把一切都看尽、把一切都摆弄一回。我好奇心太强了，可惜的是，我并不能随心所欲地到处乱爬，这让我觉得很沮丧。

我经常拨弄我的小手手和手指头，我盯着它们看并让它们动。现在，抓握反射彻底从我身上消失了，如果我抓住了一件物品，我会有意识地把它握在手里。

如果有人用手撑着我腋下让我坐着的话，我的头还是会有点摇晃，但是我会试着把头立起来，而这一努力最后也是能成功的（虽然不能维持多久，但是已经很不错了）。

感觉器官的发育

我的视力变得更加清晰了，我现在的视觉敏锐度达到了正常水平的1/10。物体的轮廓在我眼里也不再那么模糊，我开始能够辨认出我熟悉的物品及面孔了。另外，既然我的双手现在变得更加听话了，那我当然也就能用手把物体放在眼前以便我好好地观察了。

我能够更加准确地辨认出声音的来源，此外，我还能把头转向有声响的一侧。我甚至开始作出回应了，比如说，有些声音令我感到害怕，会把我惹哭，有些声音则让我发笑。其中，我对爸爸妈妈的声音表现出来的反应最大。

言语能力的发育

关于言语能力，我还在全面练习中！

事实上，我已经试着模仿一些我所听到的声音了，不过，因为我还没能很好地掌控我的嘴巴及喉咙，所以成效不是很大。但是，你们还是可以从我那蚊子般细小的声音中听出那么一两个元音的。

情感机能/社交机能的发育

我和我周遭事物的沟通越来越顺畅了，此外，我妈妈现在已经能很好地区分出我不同的哭声了！当我饿了、累了或者尿布脏了时，我发出的哭声是截然不同的。

我也能很好地区分出其他声响。

当妈妈和我说话时，我喜欢咿咿呀呀地回答她。

我会微笑，而这应该能让我身边的人如沐春风吧！这种效果太神奇了，因此，我会多多向你们微笑的。

我的最爱

我周围的一切都可以成为我学习和玩耍的工具。瞧！只要妈妈一碰那张纸，它就会响！看！这块布从我身上拂过的时候，很轻柔……总之，我无时无刻不在观察这一切的一切。

如何陪宝宝一起玩：

> 摸摸他，给他呵呵痒……

> 朝他做鬼脸（这是宝宝最爱的五大游戏之一）。

> 给他唱唱歌，与此同时，把宝宝放在膝盖上坐着，然后用膝盖不时地把他顶起，这样的话，可以帮助他掌控自己头部的位置，还可以引得他大笑起来。

妈妈开始对我进行人工喂养了？

☐ 我喝母乳或者冲泡奶粉都可以。

☐ 我不太喜欢那个塑料奶瓶。

☐ 我不想吸那个橡胶奶头，把妈妈的咪咪还给我。

我刚开始用奶瓶喝奶时的趣事：

....

....

....

我的食谱

这个月，我的饮食还是以喝奶为主。

如果是母乳喂养宝宝的话，根据他的需要大概一天喂4～5次。

如果宝宝是冲奶粉喝的话，那他每天需要喝4~5次一段奶粉，每次为150~180毫升。

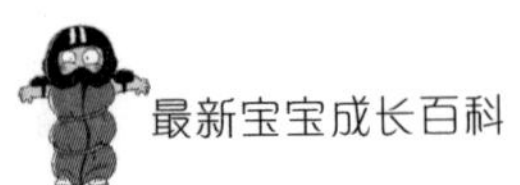

宝宝是否出现过发烧、腹痛、吐奶或者其他不好的症状?

第一周和第二周：

第三周和第四周：

妈妈想向他请教的问题：

在请教过程中需要记录的重点：

请注意

宝宝的任务——睡觉！

吃饭、睡觉、吃饭、睡觉……如果说父母很在意宝宝是否吃得好（这对宝宝的成长有利），那么他们肯定也很在意宝宝是否睡得好（这对父母的睡眠有利）。

原因如下：

第一，宝宝的睡眠对宝宝的发育起了决定性的作用。

第二，宝宝的睡眠占据了他一天中的大部分时间。

第三，宝宝的睡眠决定了父母的休整时间。

总之，睡眠是您的宝宝日常生活中的一大重头戏。

宝宝睡觉=宝宝发育！

事实上，对于孩子而言，睡觉并不只意味着休息，还意味着发育。

> 在快波睡眠状态下，神经系统会建立新的连接，并自我完善、自我调整。

> 在熟睡状态下，人会分泌生长激素。

> 睡眠还可以增强免疫力以抵御病菌的侵害。

> 睡眠还能让人得到休息，消除精神疲劳（这也就解释了为什么缺少睡眠的孩子容易焦虑不安）。

正常作息时间

出生时，宝宝的睡眠时间一般为20个小时（晚上10小时，白天10小时）。

3个月大时，睡眠时间约为15个小时（晚上10小时）。

6个月大时，睡眠时间降至大约14个小时30分钟（包含上午和下午的两次小憩）。

1岁时，睡眠时间约为13个小时30分钟（包括2～3个小时的午休）。

2岁时，睡眠时间约为13个小时（其中2小时为午休）。

3岁时，睡眠时间约为12个小时（其中1小时为午休）。

作息时间的逐步调整

出生时，宝宝的睡眠周期分为两阶段：浅度睡眠阶段和深度睡眠阶段。这一睡眠周期很短，为50分钟（而成人为90分钟）。宝宝此时通常一次只会睡3~4个小时。他对白天和黑夜还没有概念。他每次醒来都是由饥饿所引起的。

2~6个月（发育较慢者可能会延迟到9个月）大时，宝宝的睡眠系统得到了完善。比如，睡眠周期稳定了下来（包括入睡、浅眠、熟睡、深度睡眠、快速眼动相睡眠），也开始能够分清昼夜了，体温的周期性变化以及激素分泌也开始进行了。宝宝这一

乖，睡觉觉啦！

嗷呜——

哇——

阶段的睡眠会渐趋安稳，睡眠质量也就得到了提高。

6个月之后，婴儿的睡眠系统开始和成人的睡眠系统趋同：白天的睡眠时间开始缩短，睡眠的总体时间开始减少，晚上睡醒的次数也变得更加接近成人。

婴儿什么时候应该睡觉?

很显然，答案因人而异。但是，大家都知道，5千克以上的婴儿一般能持续不间断地睡6个小时。

3个月大之后，婴儿不再会被饥饿所唤醒，他们已经学会了掌控自己的消化器官，只有在醒来的那一刻，他们才会让这一器官重新启动。

6个月大时，婴儿可以连续睡上10个小时，而不用给他们喂食。当然了，如果婴儿9个月大时才能睡上10个小时的话，也请不要过分担心，不过，寻找其中的原因还是很有必要的。

何时给宝宝制定睡觉的规矩?

事实上，父母一定要让宝宝学会一个人睡。夜间睡醒这一现象时有发生，你每天晚上应该也会经历这一过程，只是你可能还没有意识到。因此，我们要学会如何让宝宝在睡醒之后重新入睡。

如果婴儿习惯了在睡醒之后让父母来哄他重新入睡，那么你很可能会在不久之后看到深深的黑眼圈爬到自己的脸上。

因此，要制定一些规矩以便使孩子明白该睡觉了，比如：

> 每天差不多在同一时间让他睡觉

> 给他洗澡

> 给他穿睡衣

> 给他讲故事

> 给他放音乐

> 让他一个人静静待着，看他自己的玩具

宝宝睡觉时，常遇见的问题有哪些?

宝宝睡觉时会遇到的问题实在是太多了，而父母对此又总是很重视，毕竟，宝宝如果失眠，那是会影响整个家庭的。

宝宝总是睡不着

一般来说，在8个月大时，婴儿会出现分离性焦虑症，表现为只要妈妈不在其身边，他就会担心妈妈离他远去、抛弃他了。因此，入睡也就变得困难起来了，他会问："妈妈走了，我醒来的时候她会出现在我身边吗？"

这样的话， 妈妈们就要安抚宝宝了，要告诉他等他睁开眼睛的时候会看到妈妈的。

> 你可以把他放在摇篮里或者抱在怀里，轻轻地安抚他。但是一定要把握好度，要让宝宝肯乖乖地自己一个人躺在床上睡觉。（你可以对他说："你该睡觉了，睡觉对你有好处。等你醒来的时候就能看到妈妈了。"）

> 到了睡觉的时间时，把宝宝抱在怀里，这样就能使事情简单化。但是，要让孩子明白，自己的房间、自己的床才是属于他自己的空间，这一点尤为重要。

> 入睡前惯常做的一些事情（讲故事、唱歌……）能让孩子明白睡觉时间到了，和爸爸妈妈分开的时间也近了。

宝宝每天晚上醒好几次

晚上孩子总是不停地哭闹，呼喊着爸爸妈妈。

天哪！谁说的“熟睡得像个孩子”，这绝对是形容有误。

不过，这个时候，孩子可能是饿了、做噩梦了，或者是出现了“夜晚恐惧症”（这种症状常发生在8个月大的孩子身上，他们会在睡梦中发出哭泣声）。

当你听到孩子的哭声时，不要急着把他抱在怀里，因为这样做的话，你很有可能会把他完全弄醒，也会让他养成不好的睡觉习惯。

你应该在孩子的房门外仔细观察他，看看他是否能自己一个人重新入睡。

确保孩子周围的环境无损于他的睡眠

> 室内温度应保持在18℃～20℃之间。

> 要定期打扫孩子的房间，并保持通风。

> 给孩子挑选合适的床，床垫要令人觉得舒适却不失一定的硬度，这样有益于宝宝的脊柱健康。另外，最好选择天然材料制成的床垫，这样有利于宝宝睡觉时的透气。

> 宝宝一般是睡在睡袋里，因此，不能给他盖被子。因为，一旦宝宝钻到了被子里，他很有可能就出不来而窒息在其中。

> 不要在床上放太多东西（毛绒玩具、坐垫等），以免妨碍宝宝的运动。

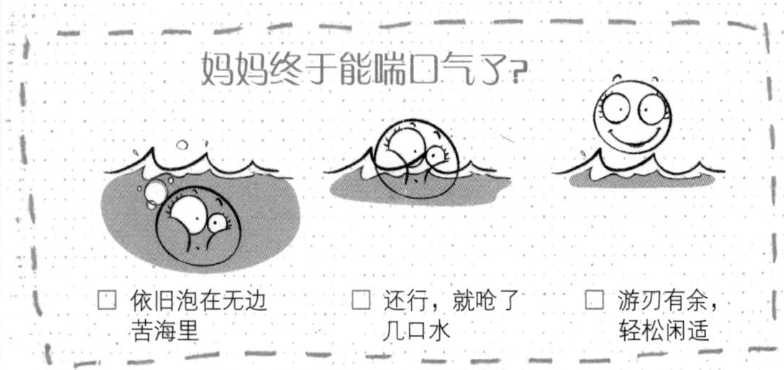

笔记

我三个月大了！

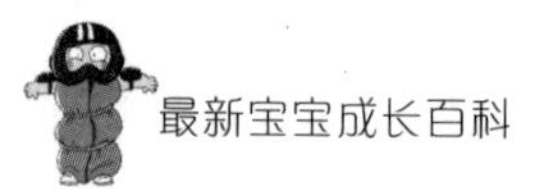

我的日常生活

我的发育情况

身高______cm，体重______kg

我的头发______

______

我的眼睛______

______

我胃口不错

每天喝______次奶

我睡眠质量很好

我每天晚上醒______次

晚上，我的睡眠时间为______点至______点

上午，我的睡眠时间为______点至______点

下午，我的睡眠时间为______点至______点

此外，我还能从______点睡至______点（我就是只睡鼠）

我长牙时的状况如何？

- □ 还只能看到牙龈
- □ 不停地流口水
- □ 出现腹泻/长尿布疹
- □ 开始长了，能看到点点白色

把长牙的地方涂黑

我的牙牙学语生活

关于我所讲的火星语的趣事

我的尘世生活

我遇见了谁？

我是世界第八大奇迹

我有漂亮的衣服、有趣的玩具和各种宝贝！

我是个小大人！

我的愤怒、我做过的蠢事……以及我的小性子

我的战绩！

体能上的提升、手势动作或者言语表达……以向爸爸妈妈证明我在不断地进步成长

运动机能的发育

我变得越来越健壮了。我现在完全能把我的头抬起来，我还能180度转动我的头，这使我能够更好地观察周围的事物了。

靠着靠枕的时候，我能坚持坐好一会儿。不过一旦我倒下去，就起不来了，这时候，我会大声呼喊（当然了，这种情况时有发生）。

当我平躺着，肚子贴地时，我能够完全把肩膀抬起来，我还能依靠肘部的支撑抬起我的头和胸部。

我的双手也更加灵活了，我能把它们伸向我想要抓住的物体，但是大部分情况下我还不能成功地抓住它们。

我喜欢摇晃拨浪鼓和其他在我手里的东西。

我开始学会了拍打自己的双手。

当我看见我喜欢的玩具时，我会东摇西晃地来表达我内心的激动。

洗澡时，我会不停地拍打水花，这让我觉得很开心。

感觉器官的发育

我的视力变得更清晰了，视力范围也变得更加广阔了。现在，我的视线能紧跟着一个人不放了，即使他不停地进进出出。

我也能分辨出一张欢笑的脸庞和一张忧伤的脸庞。

言语能力的发育

我能够发出不同的语调。这些语调听起来真像一场音乐会！我还会发出一些叫喊声，不过这回可不再是愤怒的叫喊声了。我还试着说话，但是从我嘴里发出的声音有时候很奇怪。

情感机能/社交机能的发育

生活真美好！我经常会觉得很开心。我不停地朝人们笑（我发现这样能够吸引他们的注意力）。我和别人耍笑、我咿咿呀呀地说话……总之，我喜欢和大家聊天！

不过，当身边人离开我的时候，我会哭。现在，我已经能够认出身边不同的人了。

当我照镜子的时候，我会对镜子里的宝宝笑。看呀！他也冲我笑了。

我的最爱

我喜欢那些软软的塑料玩具。其中，我特别喜欢一只长颈鹿——我咬它、扭它、摇它……不过，它总是骂不还口、打不还手，于是，我就更加得寸进尺了。反正，我喜欢那些会响的玩具。

不过，我还不能牢牢地抓住我手中的物体，我会把它们掉在地上。不过看着爸爸妈妈帮我捡，我会觉得很高兴。这使得我总是不停地想把玩具扔到地上，只为了看爸爸妈妈一次又一次帮我捡。

总之，那些材质不一样的玩具给我增添了更多的乐趣。

我经常要在游戏地毯上玩上好一会儿，我总是试着去抓那些不停晃动的悬挂玩具。

我喜欢别人摸我……另外，如果我高兴的话，我会表现出我的快乐。

如何陪宝宝一起玩：

> 给宝宝唱歌，并不时地做鬼脸。

> 定期更换悬挂的玩具，因为每一个新玩具都会让宝宝玩上好一会儿。

> 在更换玩具的时候，逗逗宝宝，让他从一端滚到另一端。还可以玩玩他的双腿，比如：一会儿打开他双腿，一会儿再合拢他的双腿。

> 不要告诉他这回是什么玩具，让他自己看，让他自己决定要不要这个玩具。

妈妈开始对我进行人工喂养了？

- ☐ 我喝母乳或者冲泡奶粉都可以。
- ☐ 我不太喜欢那个塑料奶瓶。
- ☐ 我不想吸那个橡胶奶头，把妈妈的咪咪还给我。

我刚开始用奶瓶喝奶时的趣事：

……………………………………

……………………………………

……………………………………

我的食谱

这个月，我的饮食还是以喝奶为主。

如果是母乳喂养宝宝的话，根据他的需要大概一天喂4~5次。

如果宝宝是冲奶粉喝的话，那他每天需要喝4~5次一段奶粉，每次约为180毫升。

宝宝是否出现过发烧、腹痛、吐奶或者其他不好的症状？

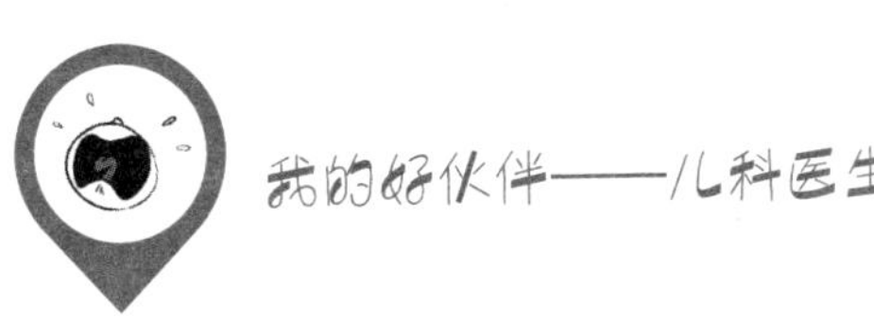

妈妈想向他请教的问题：

在请教过程中需要记录的重点：

请注意

父母与子女的关系
一种日渐加深的关系

并非魔杖一挥我们就能“升级做父母”。

升级做父母并非是一次草率的决定,也不是在弹指一挥间就能实现的。它需要母亲怀胎十月，需要父母做好迎接家庭新成员的准备，以使宝宝在家里能有属于自己的天地，能得到父母的疼爱。

一旦新生命出现，很多事情就会慢慢脱离原有的轨道了，就像生活中偶然出现的小插曲一样。但是，这一小插曲却会改变一切，它会改变我们的生活习惯、生活方式、责任范围，以及未来规划……因此，人们需要一定的时间，才能在这种日愈加深的新关系中，在这种日益巩固的情感中，找到自己的定位。

母性本能

有时候，妈妈们会觉得自己生活在迪士尼世界中。因为，在宝宝出生后，妈妈们会觉得很开心，整个脸上都洋溢着幸福的光芒，内心也充满了浓浓爱意。另外，就是妈妈们的肚子又恢复了9个月前平坦的模样。

但是，你并不是灰姑娘也不是《风中奇缘》中的印地安公主。

你只是位…………………………………………………(请补充)。

总之，你不是童话中的主人公。

所以你必须要面对现实。人们常说的那份无条件的母爱，其实是在母亲怀上宝宝的那一刻开始就已经产生了。有些母亲身上散发着浓浓爱意，有些母亲身上则发现不了这份爱意或者是这份爱意在她们身上表现得不是很强烈。

如果说雌性动物天生就拥有保护幼崽的本能，那么对于作为人类的女人而言，她们就没有这么幸运了。有时候母亲需要花费时间来营建她与孩子之间的联系。不过，随着时间的累积，这份母子/母女之间的情感会得到巩固，并经久不衰。

➜ 小常识!

宝宝出生时，这种母子/母女情感可能会得不到充分的诠释，疲劳、激素分泌失调、分娩期间的疼痛等都使妈妈达不到最佳的精神状态。面对这个突如其来的小生命，她可能表现得很冷漠。如果疼痛持续，甚至到了难以承受的地步，请记得及时和医生进行沟通，因为医生是帮助母亲渡过这个难关的坚强后盾。

父亲的角色呢?

父亲并非母亲的翻版。他在父母与子女的关系中扮演着一个很特别的角色。

对他而言，宝宝的到来同样意味着一种变化。对于这个将会“偷走”他妻子大部分爱的宝宝，他需要时间来发现自己对其应

?
飞喽，
飞喽——
我的小天使！

尽的职责（也必须承担这些责任），他还需要时间来适应宝宝取代自己成为家庭主角的这样一个转变。

尽管他经验不多，担心自己能力有限，但是，父亲的确拥有照顾小生命的能力，他甚至有可能参与到喂养过程中——这一能够增进母亲与孩子之间感情的过程并不排斥父亲的参与。父亲从摇篮里把宝宝抱出来交给母亲，父亲帮宝宝换尿布，帮他顺气，爱抚他……

妈妈们要注意了，你们最好不要阻拦爸爸做这些事情。

母亲可以介入父子/父女关系的建立之中。例如：

> 尽量不要孤立父亲，对他颐指气使，也不要认为孩子的父亲在育儿方面一无是处；

> 鼓励父亲，并向他解释他所做的事情在什么范围内才是对宝宝有利的；

> 把孩子托付给父亲照顾时，请不要犹豫（不要发抖），鼓励他们多在一起相处。因为父亲经验越多，他就会越舒心，父亲与宝宝之间的交流才会越来越好。

我需要爱，爱，爱，爱……

宝宝只有拥有了舒适感、被呵护感，才会有安全感。他不仅需要物质上的满足，同时还需要心理上的安全感，而这也会影响他日后的自信心。

因此，宝宝很依赖照顾他的人（母亲、父亲，或者其他熟悉的人）。如果他得到了此人的回应，那么他们之间则会产生一种相互影响的关系，继而生出依恋感。而这恰恰是孩子未来社交能力、情商和智商发展的基础。

研究表明，令人安心的依恋感有利于社交发展，而令人无法安心的依恋感则会导致当事人难以融入社会，甚至是患上心理疾病。

我们越是和宝宝交流，越是关心照顾他，越是对他发出的讯息作出回应，他就会越发觉得他所接触的世界充满了安全、热情和友善。这样的话，他将来就能更好地适应生活中的困境。

此外，还应该知道身体上的接触、温柔的手势及亲吻，它们除了有安抚孩子的功效之外，还能够激发出有利于孩子生长发育的激素。

总而言之，安抚孩子并不是只为了给他创造一时的安逸，而是为了他的将来。

小常识！

如果你不知道在孩子的抚养问题上该采取什么样的态度，那么也请不要自责。即使你没有作出最恰当的选择，他也不会就此对你产生怨恨，他的成长道路也不会因此就暗淡无光了，一切都还很长远。要知道，孩子的适应能力总是很惊人的。此外，他们还极具包容心……最重要的是，他们会永远无条件地爱着你们！

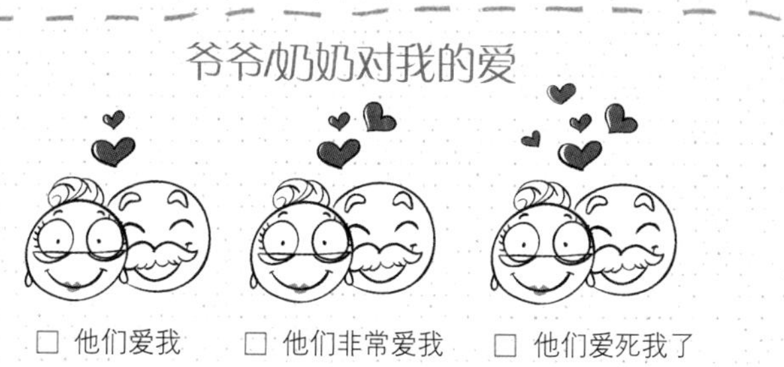
爷爷/奶奶对我的爱
□ 他们爱我
□ 他们非常爱我
□ 他们爱死我了

我四个月大了！

我的发育情况

身高............cm，体重..........kg

我的头发............

....

我的眼睛............

....

我睡眠质量很好

我每天晚上醒.........次

晚上，我的睡眠时间为.........点至.........点

上午，我的睡眠时间为.........点至.........点

下午，我的睡眠时间为.........点至.........点

此外，我还能从.........点睡至.........点（我就是只睡鼠）

我长牙时的状况

☐ 还只能看到牙龈

☐ 不停地流口水

☐ 出现腹泻/长尿布疹

☐ 开始长了，能看到点点白色

把长牙的地方涂黑

我的牙牙学语生活

关于我所讲的火星语的趣事

我的尘世生活

我遇见了谁?

我是世界第八大奇迹

我有漂亮的衣服、有趣的玩具和各种宝贝！

我是个小大人！

我的愤怒、我做过的蠢事……以及我的小性子

我的战绩!

体能上的提升、手势动作或者言语表达……以向爸爸妈妈证明我在不断地进步成长

我的本领

运动机能的发育

我能够稳稳当当地坐住了（不过，最好在我背后垫个靠枕），但是这个动作持续不了太长时间。我最喜欢的，莫过于活动自己的手脚了！我热衷于做体操，你们看，我一会儿把头转向这边，一会儿把头扭向这边。我摆摆胳膊，晃晃腿，时不时地动几下……这绝对堪称一项体能训练！（我不认为爸爸妈妈也像我一样，能做这么多运动，他们肯定坚持不了5分钟就趴下了。）

如果你们把我撑起来，同时让我双脚着地的话，我会时不时地弹弹腿、跺跺脚……我最喜欢这种站姿了。

我现在开始喜欢小巧的物体了，虽然我还不能抓住它们，但是我仍想试上一试。

我还喜欢动不动就玩自己的小脚丫，这让我觉得很有趣。虽然小脚丫们并不喜欢我的拨弄，但是我也没说非玩它们不可。还有，呃……我的脚趾尝起来味道似乎很不错。

我眼睛和双手的协调性有了进一步的提升：如果我想要一件物品，我可以更好地锁定它的位置，然后张开手掌抓住它。如果我的玩具掉地上了，我也可以用眼睛搜寻到它的位置。

言语能力的发育

有人说我以后会成为一名歌手，不管怎么说，我喜欢听自己咿咿呀呀地说话。当我听到一个新的音符时，我可以不厌其烦地、不停地重复这个音符。刚开始的时候，爸爸妈妈都很欣赏我这种做法，但慢慢地，他们更希望我可以换件事情做做。

情感机能/社交机能的发育

当我拿不到自己想要的东西或别人从我手里夺走我想玩的东西时，我会闹情绪。

当妈妈对我做了一件令我厌烦的事情（比如：帮我擦鼻涕、给我穿衣服、给我滴眼药水等）时，我会把她推开。

揉捏纸团、撕扯书本……

推倒/踢倒（爸爸费了九牛二虎之力堆好的）积木。

看妈妈（或者其他家人）干活。

如何陪宝宝一起玩：

> 自己动手做玩具：把米粒或者豆子放在一个空塑料瓶里。（别忘了拧紧盖子！）这样的话，给宝宝的沙球就做好了！

> 给宝宝解释书中出现的图画。

> 告诉宝宝身体的每个部分该怎么说，每个部分的功能又是什么，比如：胳膊能让人亲，另一条胳膊也能让人亲，小脚丫还是能让人亲等。

> 让宝宝保持站立的姿势，以锻炼他的腿部肌肉。不过，别忘了牢牢撑住他的胳肢窝，因为他的小腿还不够结实，不足以支撑他全身的重量。

> 有节奏地摆动宝宝的四肢。

妈妈开始对我进行人工喂养了？

☐ 我喝母乳或者冲泡奶粉都可以。

☐ 我不太喜欢那个塑料奶瓶。

☐ 我不想吸那个橡胶奶头，把妈妈的咪咪还给我。

我刚开始用奶瓶喝奶时的趣事：

……………………………………

我的食谱

这个月，我的饮食还是以喝奶为主。

如果是母乳喂养宝宝的话，根据他的需要大概一天喂4~5次。

如果宝宝是冲奶粉喝的话，那他每天需要喝4~5次一段奶粉，每次约为210毫升。

我还吃了……（食物）……………………

……………………………………

我喜欢吃……（食物）？……………………

……………………………………

宝宝是否出现过发烧、腹痛、吐奶或者其他不好的症状？

我的好伙伴——儿科医生

妈妈想向他请教的问题：

在请教过程中需要记录的重点：

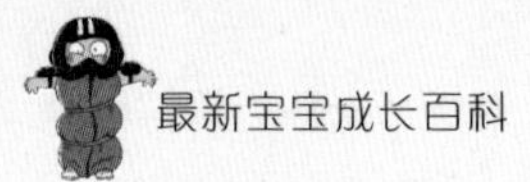

妈妈喂一勺，爸爸喂一勺

到目前为止，一切都还很简单。我们只给宝宝喂奶，其他的什么都不喂。所以一点也不复杂！但是只让婴儿喝奶，他们是会不高兴的。因此，慢慢地，也应该给小孩喂些其他的食物了，一些更能吸引他们、满足他们成长所需能量的食物，一些能引导他们发现各种味道的、成分多样化的食物（借此，我们希望把孩子培养成一位美食家，而不是一个暴食者）。

因此从现在开始，你的任务就是让宝宝尝试从未吃过的食物。

什么时候开始添加辅食?

从很多年前开始，我们就已经在多所幼儿园内对4个月以上的婴儿进行辅食添加了。

现今，由于过早添加辅食而导致的食物过敏病例不断增加，鉴于此种情况，我们建议在宝宝6个月的时候，再开始对其喂食不含乳质的食物。你的儿科医生将会告诉你什么时候可以开始这样的尝试。

从宝宝6个月起，不论是母乳还是奶粉，都不再能满足孩子的营养需求了，因为婴儿的消化系统已经可以接受新的食物了。此外，由于他们的免疫系统开始变强，所以发生过敏症状的概率也减小了。

到目前为止，婴儿舌头及嘴巴的运动机能只能让他做吮吸和吞咽等动作。他还会做出向外吐物的自动反应。直到第6个月，这种机械反应才会消失，婴孩便能吞咽小块状的食物了。（喂食的食物必须非常小！）

宝宝在这个时候变得更加强壮，并且能更好地控制自己的大脑了，因此他更加容易接受进食“较大的”食物。

宝宝7~9个月大时，才开始有咀嚼能力。此时，牙齿的生长也更有利于进食。

总结

婴儿5个月时：不添加面筋的谷物（婴儿面粉）、水果或蔬菜泥。

婴儿6个月时：肉、鱼（两勺）、酸奶、奶酪。

婴儿8个月时：四勺富含蛋白质的面食、粗小麦粉、面包。

婴儿1岁起：鸡蛋（从吃蛋黄开始）。

全方位的建议：

> 引进全新的食物并不意味着不再食用牛奶！它在孩子的饮食中仍占据着主要地位，直至青少年时期（不过，很显然它是

以乳制品的形式出现），并且其每日的摄取量不应低于500毫升。

不过，我们可以减少牛奶在一餐中所占的比重，如用30克蔬菜泥代替30克牛奶，直到每餐进食100~150克蔬菜。

> 谨记循序渐进。你不会让小孩吃上几天难吃的食物吧？首先，一次最好只增加一种食物：今天胡萝卜，明天菜豆等。这样可以辨别出宝宝对食物的反应：如果宝宝在食用了花椰菜后开始长痘，就需要在引进其他新食物之前稍缓一下，至少该辨别出导致这种症状的食物是什么吧。另外，这样可以让宝宝一样接着一样地辨别、记忆食物的味道，便于宝宝品尝食物的滋味。

> 也许可以将蔬菜泥装在奶瓶里：对于一些宝宝而言，这样更有助于进食，但是对于另一些宝宝来说，他们则会吃不下去，这时可以用小勺子进行喂食。

> 直到小孩两岁时，他们才能完全品尝出所喂送的食物。要牢牢抓住这一时期对他进行味觉训练，不然的话，以后就很难让他再张口吃菠菜了。

> 通常先喂食味道淡且甜的蔬菜（例如胡萝卜或甜菜）。

> 建议喂食煮熟的（除香蕉）或是精心搅拌过的水果，如苹果、梨、桃子等。在这一方面，你有很多的选择，想必你的小美食家一定会尽情享用的。等到孩子至少两岁的时候再给他喂食草莓或是异域水果，因为这些水果可能会引发过敏现象。

> 最好用蒸汽锅烹饪食物，因为蒸汽锅可以保留食物的维生素。

> 蔬菜不能加盐，水果也不能加糖。

> 是自己在家里做或是选择购买加工食品，这一切都由你

自己的时间来定。别因为购买即食食物而产生负罪感，有时候孩子喜欢它们胜过于喜欢妈妈准备的爱心食物。

> 要避免喂食猪肉，火腿除外。熟肉酱也暂且不能喂食，需要再等等。

> 宝宝需要含油脂的食材，榛子黄油或是少量的橄榄油都是必不可少的，这些食物可以给宝宝提供利于生长的脂肪酸。

勺子——奇怪的器具

宝宝习惯于吮吸塑料奶嘴或是母亲的乳头，而要将勺子伸入婴儿的嘴里，这对于他们来说是相当地不习惯!

所以，最开始的时候，要让宝宝接受勺子一般会很困难。为了帮助宝宝适应这一转变，应选择小型号的软勺。避免用不锈钢的，因为它又冷又硬，第一次接触它的宝宝会很抗拒的。

让宝宝玩勺子这个新的玩具，因为很快宝宝就会想要自己用这个器具了。此外，我们需要等很长一段时间才能等到宝宝自己用勺子吃东西。你自己用一只勺子喂宝宝，并让宝宝自己拿着另一只勺子玩，这会让他产生一种长大的感觉。

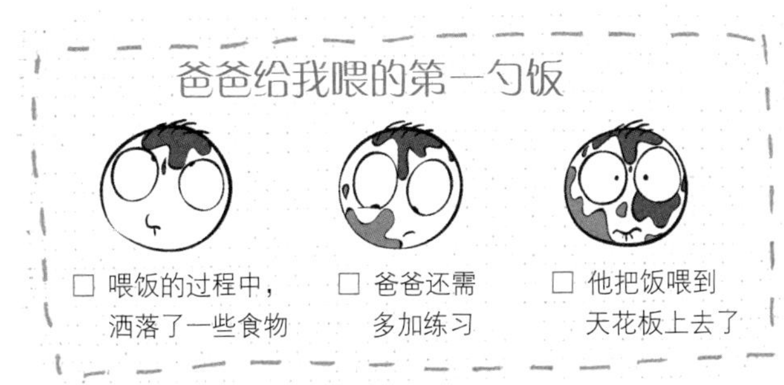

我五个月大了！

我的发育情况

身高..................cm，体重..............kg

➜ 小常识！

我的体重增加速度减缓了：在接下来3个月里，我每天增加的重量为15~20克（即每个月增加的重量为450~600克）。

我的头发

....

我的眼睛

....

我睡眠质量很好

我每天晚上醒............次

晚上，我的睡眠时间为............点至............点

上午，我的睡眠时间为............点至............点

下午，我的睡眠时间为............点至............点

此外，我还能从..........点睡至..........点（我就是只睡鼠）

我长牙时的状况

- ☐ 还只能看到牙龈
- ☐ 不停地流口水
- ☐ 出现腹泻/长尿布疹
- ☐ 开始长了，能看到点点白色

把长牙的地方涂黑

我的牙牙学语生活

关于我所讲的火星语的趣事

我还吃了……（食物）

我喜欢吃……（食物）？

我的尘世生活

我遇见了谁?

我是世界第八大奇迹

我有漂亮的衣服、有趣的玩具和各种宝贝!

我是个小大人!

我的愤怒、我做过的蠢事……以及我的小性子

我的战绩!

体能上的提升、手势动作或者言语表达……以向爸爸妈妈证明我在不断地进步成长

我的本领

运动机能的发育

当我平躺着，肚子贴地时，我可以用双手把自己的上半身撑起来。这使我能够更好地观察周围的环境，也让我更加想近距离地看看那些我觉得有趣的物件了。

我学会了翻身打滚，不过，爸爸妈妈要留心我身边的物件，以免我在翻滚的时候受伤。我喜欢坐着，虽然我还得依靠一个支撑物（比如靠垫）。

如果我躺着的时候你们抓住我双手，我可以借此慢慢站起来。如果你们继续这样抓着我，我甚至会跺跺脚。我喜欢这么干！另外，我会大叫起来，好让大家都来看看我的战绩！啊！我多想再往前走几步呀！

我还可以双手各抓一样东西，然后两手一拍，把它们拍在一起。这啪的一声是多么动听呀！用勺子敲击饭桌的声音在我听来也是同样的悦耳。我就像个疯子一样尽情玩耍。我可以转动我的手腕，把一件物品翻来覆去地看个遍。我手里拿着的东西最后都会被我咬上几口。我喜欢品尝各种东西！另外，爸爸妈妈要提高警惕了，因为我现在不管做什么下手都特别快，比如我一下子就把纸塞嘴里吃了，我一下子又开始咬靠垫了。

言语能力的发育

现在我能咿咿呀呀地发出越来越多的音节了。不得不说，我很享受这一过程。我喜欢和家人说话，不过，不要和我谈论我的事情，因为，我已经能够很好地明白你们所说的话了。

情感机能/社交机能的发育

我开始能够辨别出自己的名字。如果有人叫我的话，我知道他叫的是我。当然了，我会对此作出反应的。

我会模仿大家的表情，并时不时地发明一些属于我自己的新表情。

我喜欢看其他的小朋友，因为我意识到他们和我属于同一类人，我还喜欢触摸他们。

我会对镜子里的那个小孩笑。

我喜欢把周围的东西都摸个遍！因为这就是我发现世界的途径。另外，请允许我能够把我的双手放在任何一处地方。（当然了，危险的地方除外。谢谢！）

如何陪宝宝一起玩：

> 在宝宝身边放上一堆玩具（玩具要足够大，以免他吞咽），因为他喜欢摆弄它们。

> 给宝宝一些橡胶勺子。因为橡胶勺子不仅可以让宝宝撕咬，还可以帮助他使用勺子。从现在开始，勺子将会成为宝宝最爱的玩具之一。

> 告诉宝宝各个物件的名称，因为他在接下来的数月之内会有很强的学习欲望，所以我们总得给他找些事做吧！

妈妈开始对我进行人工喂养了？

- □ 我喝母乳或者冲泡奶粉都可以。
- □ 我不太喜欢那个塑料奶瓶。
- □ 我不想吸那个橡胶奶头，把妈妈的咪咪还给我。

我刚开始用奶瓶喝奶时的趣事：

我的食谱

根据儿科医生的建议，我们开始进行辅食添加了。

早上：喂一次母乳或一瓶210~240毫升的二段奶粉。

10点：50毫升的果汁（视个人情况而定）。

午餐：开始喂食蔬菜（要慢慢地用蔬菜代替母乳/奶粉）。宝宝吃蔬菜吃得越多，那他对母乳/奶粉的需求就会越来越小。

比如：如果他吃60克的蔬菜，就给他喂180克的奶。

如果他吃90克的蔬菜，就给他喂150克的奶。

总之，最终的喂奶剂量会维持在90～120克之间。

➔ 小常识！

先给小孩喂食蔬菜或水果，之后再喂奶。否则的话，他会吃不下其他东西了！

下午茶：以蔬菜泥、水果泥为主，母乳/奶粉为辅。

晚餐：喂一次母乳或一瓶210~240毫升的二段奶粉。

宝宝是否出现过发烧、腹痛、吐奶或者其他不好的症状？

我的好伙伴——儿科医生

妈妈想向他请教的问题：

在请教过程中需要记录的重点：

我喜欢我的毛绒玩具吗？

□ 不太喜欢　□ 喜欢　□ 喜欢极了

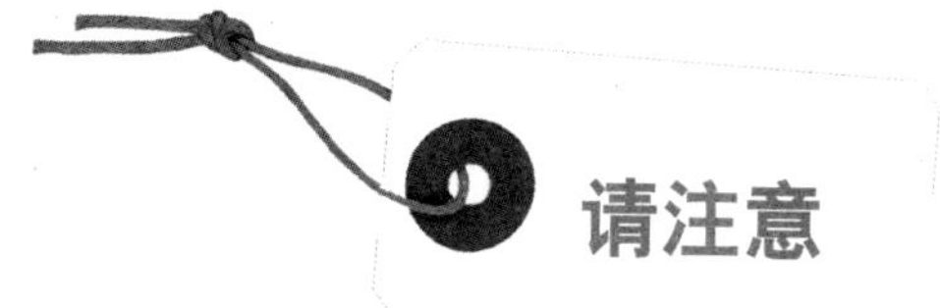

请注意

毛绒玩具，给还是不给？
奶嘴，给还是不给？

父母总要等到问题摆在眼前了才知道去考虑

在升级成为父母之前，你或许从来没有想过这种问题居然能困扰你这么久，这难道不是几秒钟就能解决的问题吗?

一旦你想通了，你就会意识到这个问题有多么重要。试想一下，当你的孩子失去了他的兔兔宝宝或者奶嘴，然后大声哭喊惊扰到整个小区，又或者他不停地吮吸自己的手指以至于手指干瘪起褶皱……这个时候，你应该就会明白毛绒玩具、奶嘴和大拇指将会成为你存在的主要缘由（尤其是当你不得不去千里之外帮孩子找回他的毛绒狗熊玩具时，你将会更深刻地体会到这一痛苦）。

奶嘴或是大拇指？总之，让我安安静静地吮吸

从孕期16周开始，宝宝就已经在妈妈肚子里形成了吮吸反射。所以，请好好想想，即使宝宝从妈妈肚子里出来了，这种反射还是不会消失的。这种与生俱来的动作让他觉得心安，能帮助他入睡。

一些小孩很快就知道可以吮吸大拇指，有些小孩则对大拇指

不感兴趣，因此他们需要借助另外一样物件——奶嘴：父母不能为孩子决定他们吮吸的对象，他们只能观察孩子的选择。

小常识！

我们总抱怨吮吸奶嘴和大拇指让宝宝的上颚变形了。而事实上，能改变的只有牙槽骨和牙弓。

从数据上来看，吮吸大拇指更易造成上颚的变形，但是，很多小孩并不清楚这些吮吸方式会给他们带来的影响。

更令人苦恼的是，吮吸奶嘴和大拇指都会阻碍孩子的正常发育。

> 吮吸奶嘴会影响母乳喂养：如果过早让孩子使用奶嘴，会让小孩形成乳头混乱。

> 吮吸奶嘴和大拇指会阻碍孩子语言的习得（在小孩四五岁时，就要让他学会摆脱奶嘴和大拇指）。

当小孩长出乳牙时，就应该让他停止吮吸奶嘴/拇指了（不管怎么说，口试的时候，最好把奶嘴放在口袋里）。

奶嘴需要精心呵护

初次使用奶嘴前，要把它放在沸水里进行消毒。之后，用钳子把它夹起来悬空晾干。

要对奶嘴进行定期清洗。记住！要用加入了清洁剂的热水清洗。

如果奶嘴掉在地上，一定要洗一次。自己舔干净这种做法是不对的（即使在你看来，这只是一个下意识的反应）。

➔ 小常识！

人的口腔有很多病菌。在你认为自己能把奶嘴沾上的脏东西舔干净的同时，你已经把口腔里的病菌留在奶嘴上了，因此，这绝对不是一种可取的办法。

为了保持孩子牙齿的健康，请不要让奶嘴沾上糖、巧克力或其他含有糖分的东西。如果孩子经常吃到这类东西，那他必定会生龋齿。

要确保宝宝是在吸奶嘴而不是咬奶嘴。因为一旦宝宝咬奶嘴的话，奶嘴很有可能会损坏、被咬穿，甚至裂成几块。这个时候就要注意不要让宝宝吞咽其中的碎片。

如果你用一根线绑住了奶嘴，那么请不要用太长的线，以免它缠绕住宝宝的脖子。还请把线的另一头系在衣服上。

如果宝宝有他心仪的奶嘴牌子，请提前多购买几个。足够的库存能消除宝宝的哭闹，使大家有一个宁静的夜晚。

➔ 小常识！

市面上甚至有荧光奶嘴，这有利于宝宝独自一人在黑夜中找到奶嘴……科技发达就是好！

拇指的保养……

你无能为力！

毛绒玩具！啊！我的毛绒玩具！

毛绒玩具，亦称“过渡性物品”［这一概念由唐纳德·温尼科特博士（Dr.Donald Winnicott）提出］，肯定会成为你家里的一位新成员。

没错！这块破布、这只耳朵被虫蛀了的兔子、这只独眼狗熊很可能会成为你孩子生活中不可或缺的物品。

你最好提前做好心理准备！

为什么如此迷恋毛绒玩具？

刚出生时，婴儿并不能把自己和外部世界区分开来，尤其不能区分他自己的身体和妈妈的身体（在他看来，母亲是他的延伸体）。但是，不久之后，他就不得不适应与妈妈时间或长或短的分离，这一切都让他觉得很不安，毛绒玩具就成了宝宝选择的第一件物品——它身上有宝宝自己和妈妈的影子，它还是一座连接已知世界和未知世界的桥梁。

这一替代品能够帮助宝宝在妈妈离开时不会感觉焦虑，也能帮助宝宝在新的环境里保持镇定（比如：入住托儿所、去医院……）。

小常识！

毛绒玩具应由孩子自己选择。没有必要试图用你自己喜欢的玩具来影响孩子的决定。他可能会选一块抹布（而不是凯蒂姨妈送的狗熊），但是你也只能选择接受！

建议（以避免悲剧的发生）

最糟糕的情况莫过于毛绒玩具不见了或是找不到了。因此，最好提前做好预防措施。

如果条件允许的话，你最好给孩子买两个以上他喜欢的同款玩具，因为我们很难用另外一款玩具来替代宝宝喜欢的那一款（一款玩具之所以会得到孩子的喜爱，是因为它独有的气味，以及其他一系列的特征）。即使孩子最终还是没有上当，至少你已经尽力了。

告诉孩子毛绒玩具和他一样，也是需要洗澡的。这样的话，当你把毛绒玩具扔到洗衣机里清洗时，宝宝就不会大喊大叫。如有可能，尽量让孩子参与到这一过程中，让他自己亲手把毛绒玩具扔进洗衣机里，然后，你假装对着滚筒和玩具说话：“嗨！玩具宝宝！你全身都清洗干净了吗？”这样，我们便能将这份苦差事变为有趣的游戏。

即使这一过程很煎熬（毕竟在你这个年龄，还得对着一只玩具宝宝低声下气，的确很痛苦。但是，我们不得不这么做），也请你像爱护自己的眼珠一样爱护这只玩具宝宝！要像对待家人一样来对待它，每次它要短暂地离开孩子时，请确保它的再次回归。如果养成了这种习惯，那么丢失毛绒玩具的可能性就会降低很多。

笔记

我六个月大了！

我的发育情况

身高............cm，体重.........kg

我的头发

....

....

我的眼睛

....

....

我睡眠质量很好

我每天晚上醒.........次

晚上，我的睡眠时间为.........点至.........点

上午，我的睡眠时间为.........点至.........点

下午，我的睡眠时间为.........点至.........点

此外，我还能从.........点睡至.........点（我就是只睡鼠）

我长牙时的状况

☐ 还只能看到牙龈

☐ 不停地流口水

☐ 出现腹泻/长尿布疹

☐ 开始长了，能看到点点白色

把长牙的地方涂黑

我的牙牙学语生活

关于我所讲的火星语的趣事

我还吃了……（食物）

我喜欢吃……（食物）？

我的尘世生活

我遇见了谁?

我是世界第八大奇迹

我有漂亮的衣服、有趣的玩具和各种宝贝!

我是个小大人！

我的愤怒、我做过的蠢事……以及我的小性子

我的战绩！

体能上的提升、手势动作或者言语表达……以向爸爸妈妈证明我在不断地进步成长

我的本领

运动机能的发育

我平躺着的时候，如果你们抓住我的双手，我可以借此站起来。我越来越渴望到各处去转转了……另外，我会伸出我的手臂，好让你们帮助我坐下。

我还学会了“三脚架”式，也就是说我会分开双腿，并把手放在双腿之间的地面上作支撑状。不过，这个过程维持不了多长时间。

我平躺着，背部贴地时，会向两侧翻身，而一旦这个动作开始了，就停不下来了。因此，爸爸妈妈必须提高警惕，比如现在，你们把我放在换尿布台上时，我会止不住地翻身。

我可以用手抓住我的小脚丫……我的身体是不是很柔软呀！我会舔舔我的大脚趾……味道貌似还不错！

我还会两手交换着拿一件东西。

我喜欢别人把我立起来的感觉，但是我并不能站立太久。

言语能力的发育

我的词汇量得到了很大的扩充，我能时不时地发出一些简单的音节。

情感机能/社交机能的发育

我经常笑，不过有时候，我也会无缘无故地大哭起来。

当陌生人靠近我时，我会变得很腼腆。

我不喜欢别人抢我的玩具或者其他我正在玩的东西，如果被抢的话，我会大发脾气！

我的最爱

我喜欢从各个角度来观察一件物品。现在，我的双手比以前更灵活了，这就使得我能真真正正地观察我的玩具了。（我还是会舔舐这些玩具，为的是能更好地发现它们的潜在魅力！）

我喜欢摆弄我手里的物件。（要是它们会叫的话，那就再好不过了！）

如何陪宝宝一起玩：

> 把他的玩具藏在毯子或者毛巾下面，然后问他“你的X宝宝跑到哪里去了呀？”当你把玩具重新抽出来的时候，记得表现出你的“兴奋”。

> 同样地，你还可以用双手捂住自己的脸，把手挪开时，记得说一声“宝宝！”。

> 把积木堆起来（因为宝宝自己还不会堆积木），然后让宝宝把积木推倒/踢倒。

> 带宝宝一起照镜子，然后指着镜子里的他说“宝宝”，再指着镜子里的自己说“妈妈”。

妈妈开始对我进行人工喂养了？

☐ 我喝母乳或者冲泡奶粉都可以。

☐ 我不太喜欢那个塑料奶瓶。

☐ 我不想吸那个橡胶奶头，把妈妈的咪咪还给我。

我刚开始用奶瓶喝奶时的趣事：

……………………………………………………………………

……………………………………………………………………

……………………………………………………………………

我的食谱

根据儿科医生的建议，我们开始进行辅食添加。

早上：喂一次母乳或一瓶240毫升的二段奶粉，别忘了在奶粉中添加2~3勺的儿童谷物（尽量不要选用含巧克力或红色水果成分的谷物）。

10点：50毫升的果汁（视个人情况而定）。

午餐：开始喂食肉类。

应先选择白肉，比如鸡肉、火鸡肉，每天10克为宜（即1～2勺）。

还可以给孩子吃一些乳制品，比如酸奶。

➔ 小常识！

> 最好用蒸汽锅蒸那些低脂肪的肉类，不要放盐！

> 将肉碾成碎末放入蔬菜中进行搅拌。

> 用小碗盛给宝宝吃。

下午茶：一小罐自制的水果泥，再配上一瓶乳制品（比如：一瓶90毫升的牛奶、一小盒酸奶）或喂一次母乳。

➔ 小常识！

为了避免宝宝食物过敏

> 请不要喂食含有巧克力或者红色水果成分的酸奶。

> 请不要喂食以红色水果或异域水果为主的水果泥。

晚餐：喂一次母乳或一瓶240毫升的二段奶粉。

宝宝是否出现过发烧、腹痛、吐奶或者其他不好的症状？

我的好伙伴——儿科医生

妈妈想向他请教的问题：

在请教过程中需要记录的重点：

我的性格

□ 我十分安静　□ 我很淘气　□ 我喜怒无常

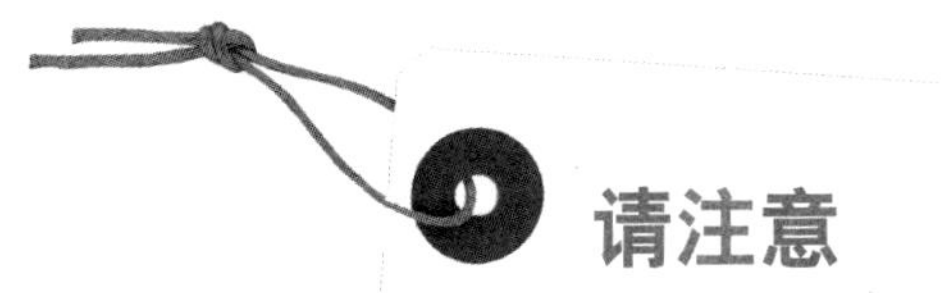

请注意

我笑是因为我看到自己
在镜子里是如此的帅

没错！镜子在宝宝的成长过程中具有十分重要的作用！他会花好几个小时在自己的影像前面……并不是因为他会变漂亮（这个是几年以后的事了），而是因为在自我观察中他会形成自己的“自我意识”！

我与他人

刚出生时，宝宝对自己的身体界限并没有任何意识：对他而言，他与母亲是同一个个体。他需要好几个月的时间来区分自己和外部世界。

4个月的时候，他在照镜子时会产生反应：他会看到一个小孩，但不知道那就是自己。当他瞧见镜子里的妈妈时，他能认出来，但他没能意识到这只是妈妈的影像而已。

7~8个月时，会出现一次改变。雅克·拉康（Jacques Lacan）将这一阶段称之为“镜子阶段”：数月以来，宝宝已经对他玩耍时需要用到的身体部位有了意识（尤其是手和脚）。同时他也学会了辨认家人的容貌。

在观察自己镜子中的影像时，孩子会等这个“外人”先作出反应，就好像他看见的不是自己而是别人一样。这时，您要给他解释这个现象，告诉他：“这是我们在镜子里看到的你，它是你的身体的影像。”

这些话能引导孩子，让他意识到自己和母亲并非同一个个体。

➔ 小常识！

照镜子时，如果孩子在你的怀里或你的前面，那么他会转过身来确认你没有离开，并且他会认为镜中的影像和你完完全全是两种不同的事物。

因此，照镜子有助于孩子

> 发现他“身体的图示”，即发现他身体中那些他还没看见的部位（因为他伸展四肢时会遮挡住视线以至于看不见某些身体部位）。

> 区分他自己和外在的世界（在这个世界里，他只不过是沧海一粟，他的外貌、体型、性别、名字等特征同样也是微不足道的）。

> 明白这个影像只是一个“幻影”，然后学会区分现实与虚幻。

我和“我”

这个学习过程需要很长时间来完成。心理学家迈克尔·刘易

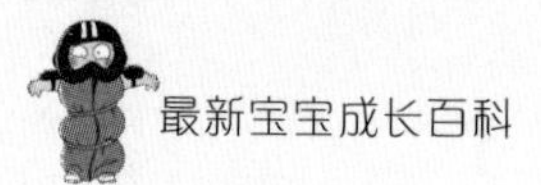

斯（Michael Lewisy）设计了一个实验，你同样也可以进行一次模拟以测试你孩子的进步程度。

＞ 让孩子面对着镜子坐在你膝盖上。

＞ 最开始的时候，让他自己看镜子里的自己，不要打扰他。

＞ 转移他的注意力，然后偷偷地在他的鼻子上粘上一小片胶纸（或一枚苹果标签）。

＞ 让他重新观察镜中的自己。

4~12个月：他会嘲笑在镜子里看到的那个孩子：看，他的鼻子上有一枚标签，这个人真好笑！

12~18个月之间：他尝试着与这个孩子交流：他还在那里！嗨！小弟弟，你过来，让我在你的嘴上亲一下！你的鼻子上有一枚标签，过来我这里，我给你抓住它！但是他有点儿吃惊：瞧！真奇怪！他怎么和我同时在动！

18~24个月：他对自己的身体有了全面的意识，并且明白镜中的那个只是他的影像。另外，他还知道标签是贴在自己鼻子上的，他会把它撕掉。

2岁开始，孩子对镜子完全失去了兴趣，这个小大人更喜欢真实存在的伙伴。对，真实的！

笔记

我七个月大了!

我的日常生活

我的发育情况

身高……cm，体重……kg

我的头发……

……

我的眼睛……

……

我睡眠质量很好

我每天晚上醒……次

晚上，我的睡眠时间为……点至……点

上午，我的睡眠时间为……点至……点

下午，我的睡眠时间为……点至……点

此外，我还能从……点睡至……点（我就是只睡鼠）

我长牙时的状况

- ☐ 还只能看到牙龈
- ☐ 不停地流口水
- ☐ 出现腹泻/长尿布疹

□ 开始长了，能看到点点白色

把长牙的地方涂黑

我的牙牙学语生活

关于我所讲的火星语的趣事

我还吃了……（食物）

我喜欢吃……（食物）？

我的尘世生活

我遇见了谁?

我是世界第八大奇迹

我有漂亮的衣服、有趣的玩具和各种宝贝!

我是个小大人!

我的愤怒、我做过的蠢事……以及我的小性子

我的战绩!

体能上的提升、手势动作或者言语表达……以向爸爸妈妈证明我在不断地进步成长

我的本领

运动机能的发育

我在不断地进步，我的运动本领也日渐完善。我现在能越来越熟练地挪动位置了，也就是说，我会爬了。

如果我趴在地上，我可以只用一只手就把自己的身体给撑起来，另一只手就可以用来抓东西了（我的好奇心造就了我的这些本领）。

如果有人把我竖起来，我会左摇右晃或者是跺跺脚……呵呵呵！这样撑着我，让我觉得很痒。

如果玩具掉在比较远的地方，我会试着去把它捡回来。

我学会了吃较硬的饼干和面包……这些食物吃起来很费时间（不过感觉不错！）。我不停地嚼那些碎块，要是我能吃妈妈碗里的食物就更好了。

我现在特别想像大人一样能够自己拿着奶瓶喝奶。

我喜欢到处乱拍、乱打，所以有人说我长大以后会成为一名打击乐器演奏者。

我喜欢用大拇指和食指抓那些细小的物体。比如，我尝试着捏起面包屑……所以说，妈妈最好注意一下摆放在我身边的东西。

言语能力的发育

大家能从我咿咿呀呀的火星语中辨认出越来越多的音节了。虽然，我现在还不能连贯地发出这些音节，但是我还是觉得很有趣！

当我在爸爸妈妈面前说“爸爸爸爸爸”“妈妈妈妈妈”……的时候，会出现一个神奇的效果——他们会异常地高兴，觉得很幸福。在我看来，这的确很神奇（虽然到目前为止，我还没真正明白其实每个词都指代了一个人）！

情感机能/社交机能的发育

当别人叫我名字的时候，我会作出反应。

我的最爱

我喜欢那些会发出响声的物品。

我开始会选择自己喜欢的玩具了。如果我选择了一块碎布或是一个毛绒玩具，那么请不要试图做一些不必要的事情来改变我的选择。（另外，为什么要改变我的选择呢？）

如何陪宝宝一起玩：

> 拍拍手、唱唱歌、打打手鼓……虽然你觉得这是噪音，但是孩子会觉得很有趣！

> 模仿动物的叫声。

> 把一件物品或者宝宝的玩具藏起来。现在孩子学会了自己找东西。

妈妈开始对我进行人工喂养了?

☐ 我喝母乳或者冲泡奶粉都可以。

☐ 我不太喜欢那个塑料奶瓶。

☐ 我不想吸那个橡胶奶头，把妈妈的咪咪还给我。

我刚开始用奶瓶喝奶时的趣事：

我的食谱

早上：喂一次母乳，再配上一小块饼干或面包；或者一瓶240毫升的二段奶粉，别忘了在奶粉中需添加3~4勺的儿童谷物。

10点：50毫升的果汁（视个人情况而定）。

午餐：开始喂食其他白肉、红肉（牛肉、羊肉）和蛋黄。

肉类每天不要超过15克（2~3勺）。

烹饪时，添加一些橄榄油、榛子黄油或半勺奶油。

再喂食一盒酸奶作为调味食品。

下午茶：水果泥配奶制品。

有时候，也可以用一小块饼干或面包来代替水果泥和奶制品。

➜ 小常识！

为了避免孩子食物过敏

> 请不要喂食含有巧克力或红色水果成分的酸奶。

> 请不要喂食以红色水果或异域水果为主的水果泥。

晚餐：蔬菜汤。可以一小勺一小勺地喂给孩子喝，也可以把蔬菜汤装在奶瓶里。

要逐渐增加蔬菜汤的分量，直到分量增至200毫升。此外，还要再喂食一次母乳，或是冲泡奶粉（冲泡奶粉最少为90毫升）。

宝宝是否出现过发烧、腹痛、吐奶或者其他不好的症状？

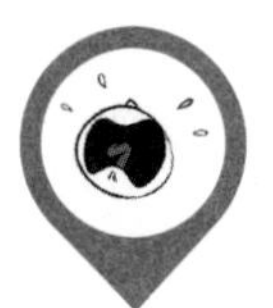

我的好伙伴——儿科医生

妈妈想向他请教的问题：

在请教过程中需要记录的重点：

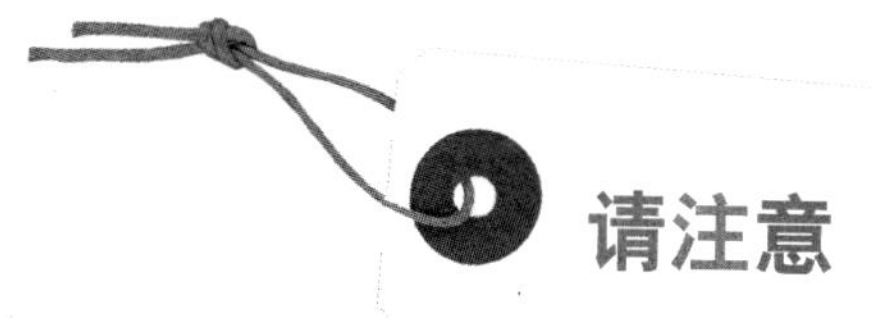

请注意

分离恐慌症

绝对不能没有妈妈!

8个月左右，孩子会经历一段奇怪的时期

若之前你的孩子既乖又安静（如果真是这样的话，那么我们会说你真是有福气），你会发现他现在变得既爱发脾气又怕生，并且只要你一离开他的视线范围，他就会开始喊叫。

很明显，这个阶段对于本就神经衰弱的你而言显得更加不容易了……但你要知道，这个阶段恰恰是宝宝最黏人的一个阶段，也是在宝宝成长过程中起决定性作用的一个阶段。

我是我，你是你

宝宝意识到自己是个完整的人已经有一段时间了，也就是说他已经明白自己和妈妈是不一样的。然而，这个事实是如此的令人恐慌！毕竟，突然从一种融合状态中被区分出来的确很令人痛苦。

母亲是基点，是一切的中心——只要一和她分离，一看不到她，宝宝就会恐慌！

在这个年纪，宝宝还没有明白“存在”的概念，我们看不

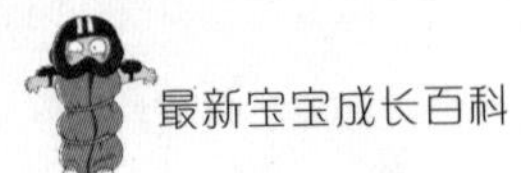

到一件物品并不代表它就消失了。如果母亲不在他的视线范围内（即使她在隔壁房间），他就会觉得永远失去了母亲而哭闹起来。

因为他没有时间概念，所以短时间内的消失对他而言是无限漫长的、令人极度恐慌的。

小常识！

当然了，每个孩子在这一阶段的表现都是不一样的。有些孩子对这一现象表现得非常敏感，而另一些几乎意识不到这一现象的存在。但并不会因为有些孩子意识不到这种现象的存在，就说他们不能区分自己和母亲这两个独立体！

要等到大约第18个月，分离才能变得更容易被孩子接受：妈妈或其他他所依赖的家庭成员始终是鲜活的、真实存在的，即使他们不在他身边。到那时，宝宝也将有能力在头脑中形成他所期盼的人的影像，以帮助他等待那人的归来。

这个人是谁？

出生头2个月：孩子在寻找感官刺激。他人的存在让他觉得心安。

3~6个月：小家伙不喜欢一个人独自待着。他喜欢有其他人的陪伴。

6~7个月开始：他开始会区分家人和陌生人的脸了，他依赖他所熟悉的那些人。陌生人的脸让他感到害怕，在生人面前他会大哭起来。这些表现并不能说明你的孩子将来是否合群。

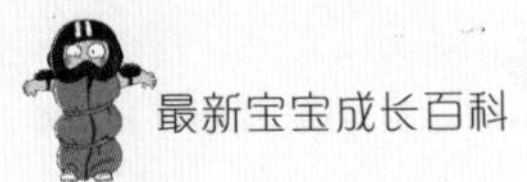

为了帮助他跨过这道坎：

> 玩捉迷藏。我们先藏起来然后又马上出现……这样的话，宝宝就会明白我们没有消失，明白看不到一个人并不意味着他就抛弃你了。

> 分别时不要像个小偷一样溜走——没有什么比这种做法更让孩子觉得他被抛弃了。必须好好向孩子解释我们会回来的，我们没有抛弃他，我们很信任照顾他的人。这样虽然不会让他停止哭泣，但宝宝听到这些安慰性的话语会安心一些。然而不要长时间拖延，毕竟你眼中不舍之情的流露完全是无济于事的。

> 当他在陌生人面前哭泣时，把他抱开这种做法完全解决不了问题，这只会让他变本加厉地接着闹情绪。相反，要安慰他并带他熟悉外部环境，告诉他“这个叔叔不是坏人，不要害怕”。

> 他对陌生人/陌生环境的恐惧不应该成为阻止你将他在短时间内托付给其他人的理由，他必须学会适应你的离开。

> 注意！这个阶段送孩子去幼儿园或保姆家是不可取的——在这之前或之后要好些。

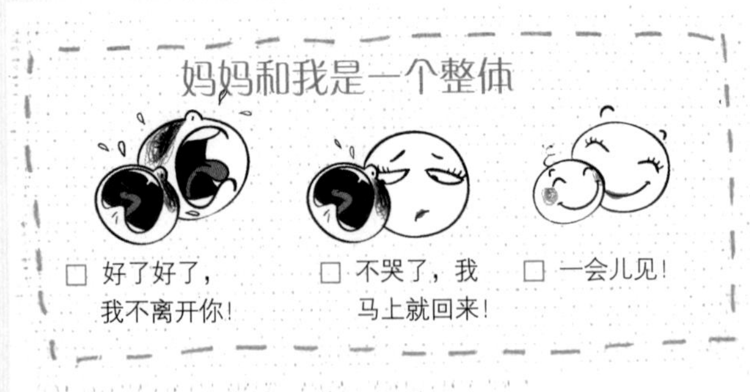

笔记

我八个月大了!

我的发育情况

身高…………cm，体重…………kg

我的头发……………………………………

……………………………………………………

我睡眠质量很好

我每天晚上醒…………次

晚上，我的睡眠时间为…………点至…………点

上午，我的睡眠时间为…………点至…………点

下午，我的睡眠时间为…………点至…………点

此外，我还能从…………点睡至…………点（我就是只睡鼠）

我长牙时的状况

□ 还只能看到牙龈

□ 不停地流口水

□ 出现腹泻/长尿布疹

□ 开始长了，能看到点点白色

把长牙的地方涂黑

我的牙牙学语生活

关于我所讲的火星语的趣事

我还吃了……（食物）

我喜欢吃……（食物）？

我的尘世生活

我遇见了谁?

我是世界第八大奇迹

我是个小大人!

我的战绩!

我的本领

运动机能的发育

我可以不借助任何外力，自己一个人坐着，不过这个过程只能持续一会儿。如果有人搀扶着我，我就能站立片刻。

我特别想抓住那些离我很远的物品，这就需要我挪动位置了，不过还有一种更简单的方法，那就是叫别人帮我代劳！不然的话，我就得自己爬过去或者滚过去捡了。

感觉器官的发育

因为我的视野拓宽了，所以现在当我远远看到我爱的人朝我走来时，我会冲着他笑。

言语能力的发育

我现在开始会说叠词了！我每天不停地练习着，并乐此不疲。我几乎会说“爸爸”和“妈妈”了。不过，亲爱的爸爸妈妈，你们可要注意了，因为你们的生活即将发生改变——只要我一开始说“爸爸”“妈妈”，那就再也停不下来了。

情感机能/社交机能的发育

我不喜欢陌生人，而且我也开始变得腼腆起来。有时候，当陌生人靠近我的时候，我甚至会产生恐惧感。

与此形成鲜明对比的是，我会主动朝我熟悉的人或爱的人走去。

我还明白了如果我哭闹或者是发脾气的话，妈妈就会停下她手头的工作来看我。我的确有点喜怒无常！

我不喜欢妈妈离开我，这种现象被称为分离恐慌症。没错！我的确害怕她会一去不复返。因为我经常牙疼，所以我经常闹脾气。这段时间的我特别情绪化。

我的最爱

我喜欢那些可以和我一起互动的玩具，比如：按一下就会亮的按钮、拉绳、会到处滚来滚去的球……

如何陪宝宝一起玩：

> 让宝宝自己按压浴缸的排水按钮以清空洗澡水。

> 给宝宝准备一些他在洗澡时能盛水的玩具。

> 给宝宝准备一些能拼接的玩具（孩子更喜欢那种特别大或者特别小的拼接玩具）。

妈妈开始对我进行人工喂养了?

☐ 我喝母乳或者冲泡奶粉都可以。

☐ 我不太喜欢那个塑料奶瓶。

☐ 我不想吸那个橡胶奶头，把妈妈的咪咪还给我。

我刚开始用奶瓶喝奶时的趣事：

我的食谱

这个月的饮食和上个月相比没有任何变化，不过我俨然已经成为了一位小小美食家!

宝宝是否出现过发烧、腹痛、吐奶或者其他不好的症状？

我的好伙伴——儿科医生

妈妈想向他请教的问题：

在请教过程中需要记录的重点：

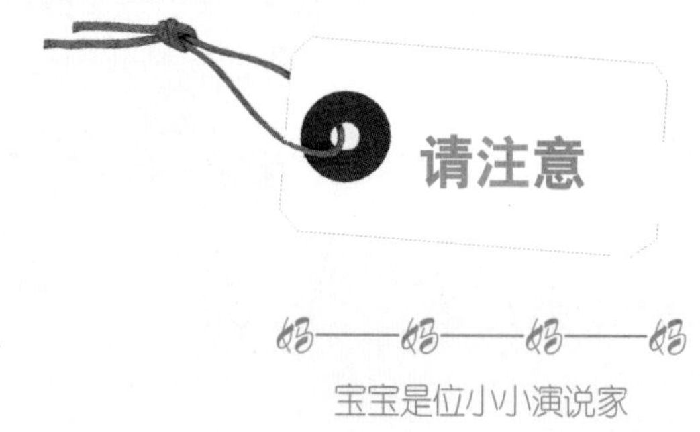

请注意

妈——妈——妈——妈

宝宝是位小小演说家

即使你从头到尾都没期待过，但总有一天，你还是会被感动得痛哭流涕。“妈——妈！”他居然叫“妈妈”了！想必你此刻的心情相当激动。你甚至有可能会热泪盈眶。虽然“妈妈”这个词，你一生中将会听到大约2亿7千2百万次，但是第一次会永远被你铭记在心中。

语言习得是一个漫长的过程：从出生到3岁时，孩子会有充分的时间来提高自己的语言能力。如果父母觉得教孩子走路或者保持仪容整洁是件令人头疼的苦差事，那么教他说话则会是件充满无穷魅力的乐事。教孩子说话时，你既可以听到咿咿呀呀的火星语，也可以听到无数动听的话（你甚至都恨不得把这些话语记录下来，以便20年后可以慢慢回味），还可以听到一些不分z、c、s和zh、ch、sh的发音。

语言习得历程

刚出生时：宝宝能听到声音（他在妈妈肚子里时就已经能听

到各种声音了），但是，他只能通过哭闹来表达自己的思想。

2~3周时：他开始模仿他人，他会张嘴、吐舌头……这已经称得上是一种真正意义上的表达了，只不过是没有夹杂任何词语。

第8周开始：他会发“a”“o”“e”等元音，还会讲儿童世界里的通用语。

3个月时：他开始和妈妈“说话”。在这种对话中，妈妈会对宝宝说的“话”作出回应。

4个月时：和妈妈的“对话”仍然持续着，不过宝宝开始学会回应妈妈了。

5个月时：宝宝对他听到的各种语音越来越感兴趣了。

6个月时：他会发一些辅音，经常重复一个音节，还时不时地说“啊哦”。总之，他这个阶段特别爱说话。

7~8个月时：他总是喋喋不休，总是连续地重复同一个音节，比如，“爸——爸——爸——爸”“妈——妈——妈——妈”……不过，我们还是能从其中听出一些不同于孩子标准母语的差别。

9个月时：他开始说一些简单的词，比如“爸爸”或“妈妈”。他还能明白一些常用的词语（比如：“给”“奶瓶”“散步”……）。

12个月时：他能说出三四个简单的词，并且他还会摇头说“不”（这对他来说十分有帮助！）。他喜欢模仿动物的叫声（这是属于他的一种游戏！）。

18个月时：他会说至少六个词，他还拥有自己特定的词汇。

? ? ?
DICO
FRANCO
YAOURT
*%#$&
☆%*#$

事实上，他经常用一个词来表达一连串的意思，比如，他伸出一根手指说“看看”的时候，可能是说：“哦！你看，街上有一只狗在溜达呢。”

2岁时：他经常用代词“我”做主语来说一句只包含了2～3个词的句子。在这一阶段中，他每天都在学习新单词，进步也是十分迅速的！

➜ 小常识！

从第6个月开始，孩子的生理机能已经发育得很好，足够支撑他掌控自己的发音了。这个时候，他可以控制自己的呼吸、喉部，也可以随时根据自己的意愿改变发音。

“ba”这个音节很容易发。这也就是为什么宝宝能很快学会这个音，并将它不断重复，形成了“ba-ba”一词。对于孩子来说，说这个词并不意味着他在叫自己的爸爸——因为宝宝发这个音的时候，爸爸妈妈或者会作出很强烈的反应，或者会表扬他、为他鼓掌，又或者会告诉孩子他做了一件多么了不起的事情，所以宝宝会认为这个词意义十分重大，这也就是他会时不时地说“ba-ba”的原因。

有的妈妈会因为宝宝先学会说的是“爸爸”而不是“妈妈”而感到沮丧，但是，这并不是因为父母在孩子心中所占的分量不一样，而是因为“爸爸”这个词的发音更简单。

父母——孩子语言习得的启蒙者

孩子自从出生以后就一直沉浸在一个语言环境中。他每时每刻都在倾听别人的对话，总之，他被包围在词语的海洋之中。

除了这些包含了字词的言语交流之外，孩子每天还可以接触到一些非言语的交流，比如：父母对他的爱抚，各种手势，微笑……

你和孩子说话的次数越多，和他交流的频率越高，就意味着他的听力越能得到锻炼，他大脑中储存的词汇量会越大，他将来语言的进步会越快。

很显然，我们不能用和老同学说话的方式来和只有几个月大的宝宝说话。因此，我们要换一种方式，我们需要选择适合宝宝的词汇，我们甚至要改变音色……但是，要把握好尺度，学小孩子说话并不意味着过分夸张或是矫揉造作。

小常识！

最开始的时候，宝宝需要看着你说话，只有这样，他才能明白你是在说话。如果你在另一个房间和他说话，那么他是不会作出回应的。但是，如果你看着他的眼睛说话，那么你们之间的对话会变得很神奇——宝宝咿咿呀呀地说着话，而你在一旁不时地回应他，就好像你明白他刚刚所说的话一样。

试着告诉宝宝你正在做什么，你给他穿的衣服是什么，你给他吃的食物又是什么……但是，请不要长篇大论地和他解释一些高深的哲学问题。和宝宝说话的时候，最好用一些简短易懂的句子。

给他唱唱歌，看看照片……你所做的一切都是在给他创造机会学习单词和练习听力。

父母也没有必要为了迁就宝宝的语言水平而刻意曲解一些词汇。“汽车”就是“汽车”，而不是“轰轰”；“猫”就是“猫”，而不是“喵喵”。记住！宝宝需要的是最大限度地扩大自己的词汇量。

另外，用一种夸张的方式说话、做一些夸张的表情（咧嘴大笑、瞪眼）或是怪腔怪调地说话都能让宝宝更加专注于你的讲话。

当妈妈和宝宝说话的时候，她的语调会自然而然地变得更加轻柔、更欢快、更动听。

当宝宝开始用言语表达自己思想的时候，父母要记得重复他所说过的话并适时进行扩展，比如：他说“狗”，那么你就要问他“那狗的叫声是什么样的呢”，或者你可以说“看！这只狗是黑色的”。这样的话，就能向孩子证明你对他所说的内容很感兴趣。

如果你希望你的孩子成为一名双语者，那么这对他来说绝对是种福气。

几点建议（以帮助孩子区分两种语言，避免混淆）

> 夫妻双方讲各自的母语（这种做法在孩子出生前就可以实施了）。

> 最好让孩子明白爸爸妈妈每人只讲一门语言（比如：爸爸讲英语而妈妈讲法语）。

> 孩子很有可能先说一门语言再说另一门语言，因为他的

大脑需要时间来整理。

> 两门语言中有一门会占主导地位，它通常是孩子所在国所说的语言，所以，孩子有可能先用这门语言来表达自己的思想。

> 刚开始的时候，孩子说一门语言时，很有可能会突然改说另一门语言了，不过这个过程持续不了多长时间，很快一切就会回归正常。

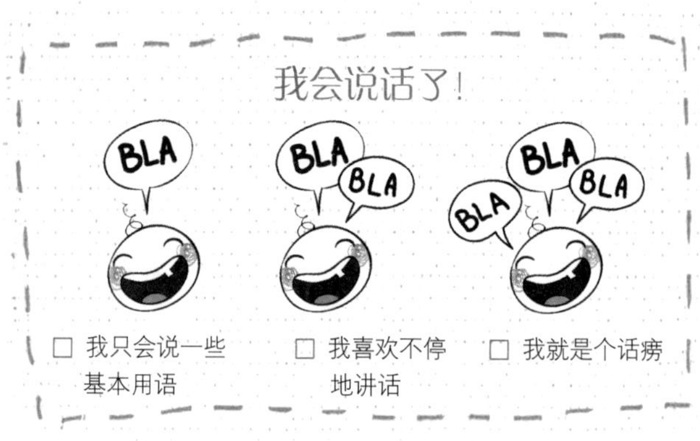

笔记

我九个月大了！

我的日常生活

我的发育情况

身高……cm，体重……kg

我的头发……

……

我睡眠质量很好

我每天晚上醒……次

晚上，我的睡眠时间为……点至……点

上午，我的睡眠时间为……点至……点

下午，我的睡眠时间为……点至……点

此外，我还能从……点睡至……点（我就是只睡鼠）

我长牙时的状况

- □ 还只能看到牙龈
- □ 不停地流口水
- □ 出现腹泻/长尿布疹
- □ 开始长了，能看到点点白色

把长牙的地方涂黑

我的牙牙学语生活

关于我所讲的火星语的趣事

我还吃了……（食物）

我喜欢吃……（食物）？

我的尘世生活

我遇见了谁？

我是世界第八大奇迹

我有漂亮的衣服、有趣的玩具和各种宝贝！

我是个小大人！

我的愤怒、我做过的蠢事……以及我的小性子

我的战绩！

体能上的提升、手势动作或者言语表达……以向爸爸妈妈证明我在不断地进步成长

运动机能的发育

我现在能长时间地坐着，我还可以俯身拿东西，俯身之后我的身体也不会失去平衡，我可以重新坐直。

我还会手脚并用地往前爬……你们不要管我用什么方式，反正我会往前冲就行了！如果有人扶着我起来的话，我还可以站立一会儿。我也可以扶着其他东西站立，但是持续不了太长时间，这令我很恼火！

我可以自己拿着奶瓶喝奶了。

当我摔倒时，我会向前伸出双臂来保护自己。

我很喜欢把手指插入小洞里，这其中当然包括插孔了！我会用大拇指和食指夹起物体，我尤其喜欢夹面包屑、标签和其他小东西。

言语能力的发育

我经常和别人交流。我总是不停地重复着那些音节，我还不时地说“爸爸”和“妈妈”。

如果有人叫我的名字，我会作出反应。

如果有人用手抚摸我的话，我也会以同样的方式抚摸这个人——这当然也称得上是一种交流了……

情感机能/社交机能的发育

如果有人冲我大吼大叫，我会大哭。如果我意识到自己做了一件傻事的话，我会做出一个搞怪的表情。如果我看到一个小孩在哭，我也会跟着哭。

我脑海里开始有了“服从”这个概念，比如：当有人对我说“停”，那么我会停止手上的动作。不过，往往过不了多久我又会继续这个动作。

我会伸出双臂要别人抱我，和哭闹比起来，这个手势更容易让人理解。

我的最爱

我喜欢站在我的学步车里（不过，我是希望别人能推我一把）。

如何陪宝宝一起玩：

> 给宝宝一些大小不一、形状各异的盒子，让他自己打开/合上、堆放……

> 给宝宝一些小东西（不要太小，以免他吞食），让他把这些东西放进盒子里，然后再倒出来……

妈妈开始对我进行人工喂养了？

☐ 我喝母乳或者冲泡奶粉都可以。

☐ 我不太喜欢那个塑料奶瓶。

☐ 我不想吸那个橡胶奶头，把妈妈的咪咪还给我。

我刚开始用奶瓶喝奶时的趣事：

....

....

我的食谱

早上：喂一次母乳，再配上一小块饼干或面包；或者一瓶240毫升的一段奶粉，别忘了在奶粉中需添加3~4勺的儿童谷物。

➜ 小常识！

还是不能喂食含有巧克力的谷物，但是宝宝可以开始食用含有红色水果成分的谷物了。

10点：50毫升的果汁（视个人情况而定）。

午餐：开始喂食鱼类，比如：鳎鱼、鳕鱼……

猪肉、羊肉、牛肉、鱼肉每天不要超过20克（4勺）。

> 烹饪时，添加一些橄榄油、榛子黄油或半勺奶油。

> 撒点盐。

> 碾成碎块，然后和蔬菜一起搅拌。

开始喂食淀粉类食物，比如：面团、土豆、粗面粉……可用这些淀粉类食物完全代替或部分代替常吃的蔬菜。

可食用一些其他的蔬菜，比如：菜花、西蓝花……

可以食用一些奶制品作为餐后甜点。现阶段可以让他食用奶酪（虽然奶酪的味道有点重），不过不要选生奶制成的奶酪。

下午茶：水果泥、奶制品，以及饼干或面包片。

还是不能喂食含有巧克力或异域水果的奶制品，但是含有红色水果成分的奶制品是可以选用的，比如：草莓、覆盆子、黑茶藨子、越橘、桑葚……

晚餐：蔬菜汤和奶制品（不要再给宝宝冲泡奶粉了）或母乳。请不要喂食生奶制成的奶酪。

宝宝是否出现过发烧、腹痛、吐奶或者其他不好的症状？

我的好伙伴——儿科医生

妈妈想向他请教的问题：

在请教过程中需要记录的重点：

我总是冒冒失失的？

□偶尔会碰伤，不过我不怕

□我总是在探险

□妈妈都快成急救专家了

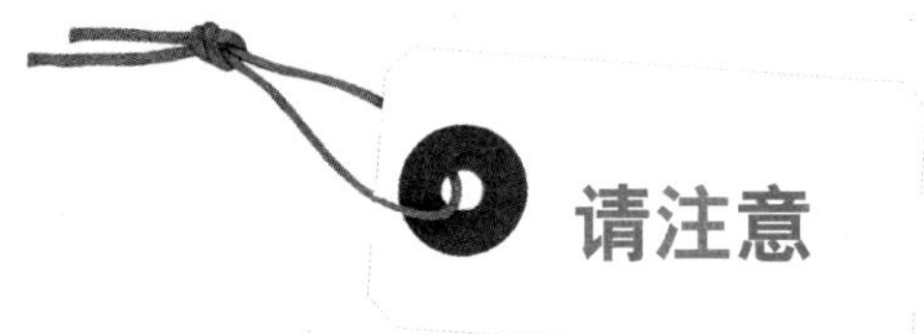

请注意

在玩耍中成长

玩耍——宝宝的天性

一旦我们长大成人，最遗憾的一件事就是不能无所顾忌地尽情玩耍了（我们还会怀念火腿意面和毛绒玩具，当然这就得另当别论了）。在长大之前、上学之前，每个孩子都在玩耍。玩耍，并不意味着时间的浪费，这两者根本不能画上等号！

游戏对孩子的好处：

游戏是最原始的国际通用语言。游戏的主要目的就在于让人从中获取快乐，而快乐又是学习的动力。这句耳熟能详的话高度地概括了游戏的好处——孩子们不是为了学习才玩耍，而是在玩耍中学习。

通过做游戏，你的孩子能从生理（堆积木有助于开发生理机能）、智力（比如：训练记忆力的游戏）和情感（陪孩子一起玩有利于增进父母与子女之间的感情）三方面得到完善。游戏还能激发孩子的创造力和想象力。

在孩子稍微长大一些后，他开始和他的伙伴们一起玩，这有

利于他培养自己的社交技能，比如：他必须学会遵守游戏规则、遵守集体生活中的基本原则……集体游戏还能帮助孩子意识到竞争机制的存在，刺激他多和他人交往。

小常识！

每一个年龄段都各自有对应的游戏阶段，这些游戏阶段也都拥有着各自独有的特征。最初阶段的游戏是最富趣味性的，比如：孩子把一个物体扔在地上，因为他喜欢物体落地的声音，之后，妈妈把东西捡起来，而孩子则又把东西扔在地上……

之后，孩子们开始玩带有象征意味的游戏了，比如：商人游戏、警察游戏……每个孩子在这些游戏中都扮演了一个角色，这有助于他们塑造自己的性格。

再过一段时间，孩子们就开始玩有规则的游戏（比如社会游戏）了。

全方位的建议：

> 小宝贝们通常借助他们的五种官能来学习和玩耍，因此，你应该尽你最大的努力给宝宝创造机会，以让他充实自己。此外，你在刺激孩子五种官能发育的同时，也是在刺激他智力的发育。

> 选择适合宝宝年纪的游戏，某些棋类游戏除外（因为棋子可能会被孩子吞食）。宝宝可能会因为玩不了某些复杂的游戏而感到沮丧。

> 给宝宝准备好各种游戏所需要的材料，比如：如果是开发认知能力的游戏，那么给他准备一些方块和玩具；如果是刺激感觉器官的游戏，那么给他准备一些沙子、水、黏土、水粉画颜料等；如果是化妆游戏，那么给他准备一些衣服和饰物；如果是刺激运动细胞的游戏，那么给他准备一些球、铁环、攀岩壁，以及自由活动的空间。

> 一定要让宝宝根据自己的意愿自由地玩耍，千万不要给他强加一些游戏规则。带他去公园，让他多接触其他小朋友，让他自己从头玩到尾……这些对于宝宝而言都是很重要的。

> 有一些游戏会弄脏宝宝的衣服和身体，因此，这些游戏是妈妈们所不能容忍的，妈妈甚至会为此而责罚孩子，但是对于宝宝而言，这些游戏却十分有用。

> 玩耍并不意味着只能玩父母规定的游戏。如果父母非要把自己的意愿强加在孩子身上的话，那么作为反击，孩子会变得很暴力，之后又会变得毫无生气。总之，应该让孩子自己决定玩什么游戏。

笔记

我十个月大了！

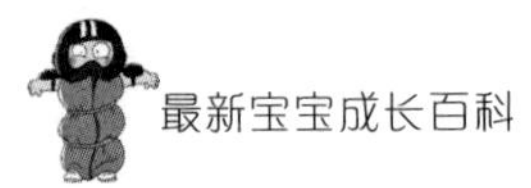

我的日常生活

我的发育情况

身高______cm，体重______kg

我的头发______

______

我睡眠质量很好

我每天晚上醒______次

晚上，我的睡眠时间为______点至______点

上午，我的睡眠时间为______点至______点

下午，我的睡眠时间为______点至______点

此外，我还能从______点睡至______点（我就是只睡鼠）

我长牙时的状况

☐ 还只能看到牙龈

☐ 不停地流口水

☐ 出现腹泻/长尿布疹

☐ 开始长了，能看到点点白色

把长牙的地方涂黑

我的牙牙学语生活

关于我所讲的火星语的趣事

我还吃了……（食物）

我喜欢吃……（食物）?

谈谈我的生活

我的尘世生活

我是世界第八大奇迹

我是个小大人！

我的战绩！

运动机能的发育

我每天都在为最终的梦想——走路而锻炼着。现在，我能一个人单独坐着，虽然这个过程只会持续几秒钟，但是我并没有因此而放弃练习。我一定要把自己的肌肉练就成运动员那样。

我尽可能地试着自己站起来，当然了，周围的一切都可以成为我搀扶的对象。不过，爸爸妈妈要开始提高警惕了，因为我有时候会在毫无预警的情况下突然站起来。如果我坐在浴缸里洗澡的话，那么我就要想办法抑制这种想要站立的冲动了。

扶着家具或者由爸爸妈妈搀扶的时候，我甚至可以走上几步路。

我终于能够在不借助任何外力的情况下自己坐下来了。我会狠狠地往地上/床上一坐，不过不用担心，因为我屁股上的肉还是很多的。

我喜欢自己用手抓食物吃，虽然吃相不怎么样，但是这种感觉对我而言很美妙。

言语能力的发育

我可以上百次地重复同一个单词，没办法，这就是我的学习方式。（当然了！这对我父母的神经而言的确是一种折磨！）

我经常说“不”，而且我也喜欢这样做。我会在说“不”的同时摇摇头。有时候，即使我想说“是”，但是从我嘴里说出来的还是“不”，这纯粹是为了和父母对着干。

情感机能/社交机能的发育

我很在意我父母对我的态度——我喜欢他们为我鼓掌喝彩；不过，如果他们朝我大吼大叫，我会感觉很沮丧。

我不喜欢一个人独自待着，我总是跟在我妈妈屁股后面转（妈妈给我取了个绰号——强力胶）。

对于人和物，我开始有了自己的喜好。自此，我的性格慢慢显露出来了。

我身边的所有东西都深深地吸引着我，不一定非得是玩具。我可以随便拿一样东西就开心地玩起来（这个年纪的小孩不论是玩礼物包装纸还是玩礼物，他都会觉得一样的开心）。

我喜欢模仿大人。我不仅喜欢模仿他们的表情，还喜欢模仿他们的动作。另外，我还明白每个物体都有属于它自身的职能，比如：梳子是用来梳头发的，电话是用来和别人聊天的……

如何陪宝宝一起玩：

> 如果你做饭的话，那么请把宝宝放在你周围的地板上，然后给他一些玩过家家的装备，告诉他你正在做什么。（这并不意味着他明天就能搅拌蛋黄酱了，不过至少他能把饼干碾碎了。虽然这样做很容易弄脏宝宝的衣服和手，而且这个游戏也看不出有多大的教育意义，但是你要知道韶光易逝呀！享受单纯的快乐时光不好吗？）

妈妈开始对我进行人工喂养了？

- ☐ 我喝母乳或者冲泡奶粉都可以。
- ☐ 我不太喜欢那个塑料奶瓶。
- ☐ 我不想吸那个橡胶奶头，把妈妈的咪咪还给我。

我刚开始用奶瓶喝奶时的趣事：

我的食谱

这个月的饮食和上个月一样，没有任何变化。

但是我还是吃得很开心。

宝宝是否出现过发烧、腹痛、吐奶或者其他不好的症状？

我的好伙伴——儿科医生

妈妈想向他请教的问题：

在请教过程中需要记录的重点：

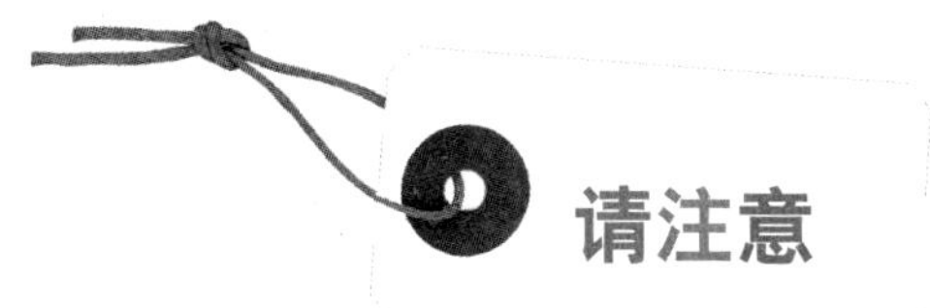

请注意

鼻腔、支气管、咽喉……

反正，你全身都疼！

在宝宝周岁前，你和儿科医生都是宝宝不可或缺的左膀右臂。

不得不说，这些脆弱的小生命时常牵动着我们的心弦，只要他的身体状况有个风吹草动，我们就会朝着医院飞奔而去。如果你想给孩子接种所有的疫苗，那你最好要有足够的耐心坐在候诊室里等候。

不过，过不了多久，你就能从容应对那些时不时给你的生活添点料的常见疾病，比如：感冒、咳嗽、发热……再过一段时间，你甚至能在家里开一间药店。

发烧——令人担忧的症状

宝宝身体很烫，但是你不知道如何把他的体温降下来，而此时又正值深夜……想必这种令人手足无措的场景对你而言并不陌生，你或许已经经历过了，又或许即将再经历一次。

虽然这种场景让人觉得害怕，但其实发烧本身并没有什么值得害怕的。发烧本身不是疾病，而是一种症状，它是身体内在机能出了问题的一种表现。

➔ 小常识！

现如今，我们不再会想尽一切办法非要把体温降下来了，因为我们知道身体的免疫力足以和它抗衡（当然了，前提是发烧时间没有太长，体温没有太高）。其实，发烧是身体自我保护的一种正常机能。此外，人的免疫系统会随着发烧症状的出现而得到强化，如果我们太快让体温回归正常的话，那么这一强化的过程就得不到实现了。

如果发烧的次数过于频繁，那么最好检查一下全身的机能。另外，和体温较高、持续时间却不长的发热情况相比，体温不高但持续时间过长的发热情况更令人担心。

如若发烧，最好查出病理原因。

如果是由病毒引起的发烧，那么我们不需要太过操心，只需把热度降下去就行。相反，如果是由细菌感染而引起的发烧，那就需要医生开些抗菌药了。

一般来说，即使孩子的体温达到了38℃，但是如果没有超过38.5℃的话，就不需要送他去医院治疗，除非他觉得非常难受。事实上，我们往往是在和发烧所引起的不适感作斗争，而不是和发烧本身。

在服用退热剂之前，我们还可以试试以下小窍门：

> 调整室内的温度，一般以18℃~20℃为宜。

> 帮宝宝脱去多余的衣服，这样的话，热气就会散开。但

是，千万不要脱得一件不剩，不然的话，他会打寒战从而使得体温再次上升。如果他发抖的话，最好给他裹上一张毯子，等到他不再发抖时，再把毯子拿走。

> 让宝宝多喝水。

> 许多年前，老祖宗就教会了我们在宝宝发烧时可以给他们洗个温水澡或是把冰块敷在额头上。不过时至今日，我们差不多已经忘了这些土办法了。

> 如果准备给宝宝吃退热药，最好谨遵说明书上标明的儿童的用法用量。人们常说同时接受几种不同的治疗方法是没有副作用的，但是法国卫生安全局明确表示过最好一次只接受一种疗法。如果高烧持续不退的话，那么请咨询一下儿科医生。

儿童疾病

患儿童疾病似乎是孩子幼时必经的一个阶段。此外，最好在幼时就患上这些疾病，因为如果成年后再患上这些疾病的话，会十分痛苦。

这些疾病往往具有极强的传染性，它们一般通过常见的流行病来传播（如果孩子经常和别人接触，那他很有可能会被传染）。

水痘、麻疹、流行性腮腺炎、风疹是四类最常见的儿童疾病，这些疾病大都会出现发疹现象，它们都具有传染性及终身免疫性（即一生只患一次）。

注射疫苗可使孩子远离这些疾病，尤其是麻疹、流行性腮腺炎和风疹。我们同样也可以注射疫苗以避免水痘的出现。

如果宝宝发高烧、发疹、脱皮或出现其他难受的症状，请咨询儿科医生。

家庭必备常用药

如果孩子出现疼痛、发烧等现象，那么这时候家庭必备常用药就派上用场了。

➔ 小常识！

虽然你的孩子还很小，还不会去翻看医药箱（或其他存放危险物品的柜子），但是你今后还是得把药品放在他够不着的地方，如有可能的话，最好用钥匙锁上。还请把药品置于阴凉干燥处。此外，要定期检查药品是否过期。

家庭必备常用药清单：

- 生理盐水（用于清洗眼睛和鼻子）
- 杀菌眼药水（用于治疗眼部感染）
- 用于治疗尿布疹的润肤霜
- 含有山金车酊的膏药（用于治疗血肿、肿块等）
- 山金车酊颗粒（用于治疗血肿、肿块等）
- 有助于擦伤/划伤愈合的膏药
- 烫伤膏
- 适用于烫伤/烧伤的油膏纱布
- 杀菌喷雾
- 无菌纱布

> 创可贴

> 免缝胶带

> 用于治疗腹泻的药物

> 适用于发热及牙痛现象的退热剂（阿司匹林、扑热息痛或布洛芬）

> 止咳糖浆（听取医生建议）

> 止吐药（听取医生建议）

> 牙胶（以舒缓宝宝长牙时的不适）

> 体温计（最好为耳式体温计，以免打扰宝宝睡觉）

> 洗鼻器

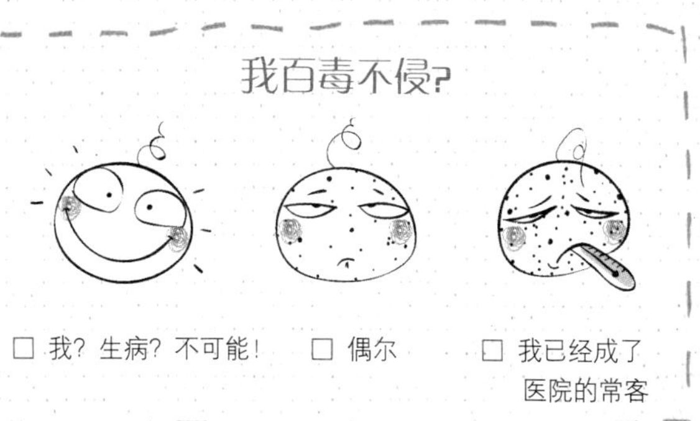

我十一个月大了!

我的发育情况

身高............cm，体重..........kg

我的头发..

....

我睡眠质量很好

我每天晚上醒..........次

晚上，我的睡眠时间为..........点至..........点

上午，我的睡眠时间为..........点至..........点

下午，我的睡眠时间为..........点至..........点

此外，我还能从..........点睡至..........点（我就是只睡鼠）

我长牙时的状况

☐ 还只能看到牙龈

☐ 不停地流口水

☐ 出现腹泻/长尿布疹

☐ 开始长了，能看到点点白色

把长牙的地方涂黑

我的牙牙学语生活

关于我所讲的火星语的趣事

我还吃了……（食物）

我喜欢吃……（食物）？

我的尘世生活

我遇见了谁?

我是世界第八大奇迹

我有漂亮的衣服、有趣的玩具和各种宝贝!

我是个小大人！

我的愤怒、我做过的蠢事……以及我的小性子

我的战绩！

体能上的提升、手势动作或者言语表达……以向爸爸妈妈证明我在不断地进步成长

运动机能的发育

我现在的目标只有一个，就是站起来。我可以每天24小时都朝这个目标奋斗——我一有力气就寻找各种可以搀扶的物体，我会扶着摇篮围栅站起来，我还会扶着椅子站起来……总之，我会想尽办法让自己站起来。不过，美中不足的是我双腿的肌肉仍旧不够结实（它们就是两条小粗腿），以至于我不能站立太长时间。

站着的时候，我可以往前走上几步路，但是恐怕走不了太远。

不过，如果有人牵着我走的话，那我就可以称霸天下了！走一步，再走一步……这个进步绝对会让全家人兴奋不已。

我会用手指指我想指的物体。

我还可以随手拿来一枝铅笔乱涂乱画（不过我还不知道原来墙壁并不是给我作画用的）。

言语能力的发育

我已经掌握一些词语，不过当我想要一样东西的时候，从我嘴中吐出的只会是一个字（不过，我会时不时地变换说话的语调，比如如果我想吃点心的话，我会以十几种不同的语调来重复

“饼饼”这个词）。

我能明白一些简单句子中的语序，比如：“穿鞋子”或者“给我看你的脚”。另外，我很听话，大人叫我做什么我就会做什么。

情感机能/社交机能的发育

属于我自己的特有性格已经慢慢成形了，我开始试着向大家表达我的渴望和各种观点了。一旦我想动手做某件事情的时候，爸爸妈妈应该立刻站起来阻止我。如果我决定脱掉鞋子，那么我就会立即动手干（即使为此我需要花上一刻钟的时间）。

小常识！

如果孩子想做一件事情，请不要阻拦他，即使这令你很恼火，即使你是个急性子，觉得不值得花时间在这种小事情上——宝宝只有经过实践才能真正学到东西。

我经常会为了一些鸡毛蒜皮的事情而大发脾气，因为我不知道如何发泄自己的情绪。到目前为止，由于我还未接触社会，不懂所谓的人情世故，所以我会很直白地表现自己的各种情绪。

此外，在这个阶段中，我开始试探爸爸妈妈的底线了，以了解我在什么范围之内可以为所欲为。此外，我还知道我在什么时候可以做平时不能做的事情（不过这还处于试验阶段）。

我的最爱

我可以上百次地重复做同一件事情，而我也乐在其中。比如，我经常把一样东西扔在地上，然后捡起来，再扔，再捡起来……或者我从别人手里接过一样东西，然后再还回去，再接过来，再还回去……

如果我做的一件事能够让爸爸妈妈大笑起来，那么我会不停地重复做这件事。

如何陪宝宝一起玩：

> 给日常用品都起个名字，比如“宝宝的牙刷”“宝宝的鞋子”“宝宝的叉子”……假装它们和我们是一样的，都有生命。然后再把它们当作故事中的人物编进故事里。

> 把球推到宝宝身边，这样的话，他会试图抓住这个球然后再把它推回我们身边。

> 让宝宝和其他小朋友一起玩，因为他开始对其他孩子产生兴趣了，想和他们待在一起。

妈妈开始对我进行人工喂养了?

□ 我喝母乳或者冲泡奶粉都可以。

□ 我不太喜欢那个塑料奶瓶。

□ 我不想吸那个橡胶奶头，把妈妈的咪咪还给我。

我刚开始用奶瓶喝奶时的趣事：

......

......

......

......

我的食谱

这个月的饮食和上个月的一样，没有任何变化。另外，我终于满周岁了，祝我生日快乐！

宝宝是否出现过发烧、腹痛、吐奶或者其他不好的症状？

妈妈想向他请教的问题：

在请教过程中需要记录的重点：

请注意

拿开所有的东西，我要走路啦！

自从宝宝开始独自行动，打滚、爬行或是挪动臀部行走后，他便成了一个名符其实的冒失鬼（什么都能破坏）。你一定已经采取了某种“安全策略”，以转移他的兴趣爱好，这样的话，他就能在发现自己各种潜力的同时不损害自己的躯体（也可以说，这么做完全是为了让你的室内陈设和装饰能够幸免于难）。

“这个装满书的大柜子太吸引人了！撕书真是一件有趣的事！”真是可惜了那部《七星诗社全集》，谁让它放在了宝宝探险家够得着的地方呢！

“这盒子真好玩……哎呦，哎呦，哎呦！老爸，下次你得好好整理你的工具箱啦！”

在宝宝无限宽广的探索领域之内，新的危险无处不在。为了保护他，最好还是采取一些预防措施！

小常识！

很显然，世界上任何安全防护系统都比不上家长的细心看护。永远都不要让你的孩子独自待在家中，或者不安全的房间内。

尽管你的孩子身边充满了各种各样的危险（当然，相信你能像“全能妈妈”一样解除这些危险），也不要忘了为他迈出的第一步庆祝：他感受到的不应该是你的担忧，而应该是你的鼓励！

要注意的危险……

楼梯！

在有楼梯的家中，安全防护栏是必不可少的，这些防护栏应该是成对的，且一边高一边低。

桌角！

那些尖锐的棱角太容易让人碰出肿块、淤青或者其他伤痛了。你自己也经常被碰到吧？对于那些高高低低的桌子，或是其他家具，请不要犹豫，赶快用塑料保护物把它们的棱角包起来吧。

缺点：胶布有时候并不是很管用，宝宝很快就会学会如何撕掉它们了。

烤炉的玻璃门及炉灶！

如果烤炉门不具备“快速冷却”的功能或是放置得不够高，

那就应该使用专门的栅栏门作为防护措施。

烤盘等炊具的前面也应该放置栅栏门，这样，宝宝就不会试图去抓平底锅的手柄了。如果他依旧无所畏惧，您甚至可以给烤炉门安装一个防护系统，以防万一！

家居用品/药品柜！

最好的办法是把这些危险的物品放在高处。如若不然，则需要安装一个防止孩子打开柜子的装置。这种装置有许多不同的类型，例如推拉门或是按钮门……你可以选择适合你家具的装置类型。

注意！孩子们的观察力很强，很快就会知道你是怎样打开保护装置的。当你知道小淘气在看着你操作的时候，可千万要小心哦！

浴缸/马桶！

为避免滑倒的危险，防滑垫和固定的淋浴头是十分必要的。

小淘气们会把各种各样的东西丢进马桶里……马桶也有相应的防护装置，可关键是，如果你内急了的话那就麻烦了！

电线插头！

这些插头的高度很容易吸引爬行宝宝的注意力……因此，插头安全装置在很长一段时间内都将是您日常必需品里的一部分！尤其要注意的是，不要丢失拆卸装置的钥匙（商家一般会提供两把备用钥匙）。

窗户！

外面发生的一切都十分吸引人……稍微不留神，问题就出现了。如果你家的窗户不具备防护装置，那么赶紧安装吧。如果有阳台，可以安装芦席或者栅栏以防止小探险家从上面往下看。

绝对不要在窗户旁边放置任何可以当台阶用的物品（比如椅子、梯凳、立方体等）。

物品放在高处！

你书架的风格将在一段时间内变得十分奇怪……因为您肯定需要将许多物品和书从书架的低处拿走。另外，请将易碎物品放在高处：等过段时间再按你喜欢的方式摆放吧！

是否应该把他放在幼儿活动围栏中？

有了孩子之后，你才会真正意识到幼儿活动围栏的好处。而在你还没有孩子之前，你可能会痛苦地联想起狗窝或是其他动物的围栏吧。可是，随着大宝贝的“独立自主”，你将会发现你无法再安安心心地洗澡或是上厕所了，你总会在听到动静之后跳起脚来，或是顶着满头的泡沫拉开浴帘跑出来看他是否安然无恙，此时你将会意识到围栏是多么的必不可少。

问题在于，孩子必然不会和你意见一致。有些孩子可能过几个小时就会爬出来，还有些孩子会在你把他放进狭窄空间的时候就大声哭喊。如果你生了一个乐意被放在栏杆后面的宝宝，那可要谢天谢地了。否则的话，你就加油创造“洗澡最快”的世界纪录吧。

小建议： 可以晚上洗澡——虽然第二天的时候，你会觉得很累，但至少你的头发会是干净整洁的。

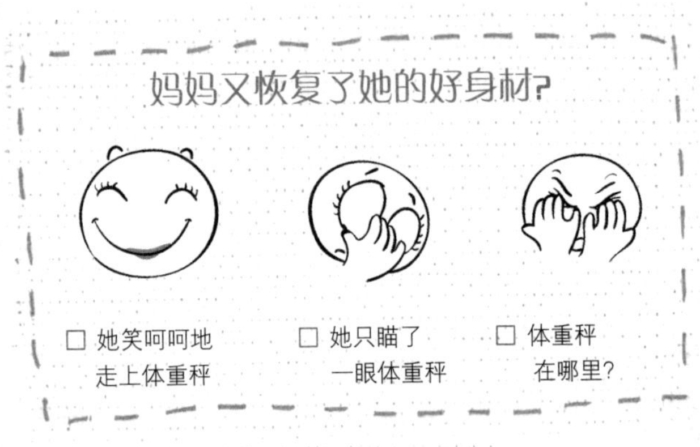

笔记

我一岁了！

已经1岁了……

我身高……………………cm，体重…………kg

我有……………………颗牙

我的头发……………………………………………………

我的眼睛……………………………………………………

我会说的词语：……………………………………………

我的生日聚会！

描述一下宴请的宾客、所收的礼物、所订的蛋糕及所买的糖果

我已经长大了！

我已经完全学会了站立，不过站立的时候我还是要稍微扶着点家具。我走得也比以前好了，即使有的时候，我还是比较喜欢爬。不管怎么样，我现在可以想去哪儿就去哪儿！

我开始试着爬楼梯了，所以爸爸妈妈一定要看紧我呀！

我喜欢一个人安安静静地做自己的事情，即使过不了多久，我会因为没有成功而恼羞成怒。我还学会了脱鞋子（所以妈妈现在知道要把我的鞋带系得死死的）。

我还学会了用勺子吃饭，虽然总有些食物到不了我的嘴里，不过这毕竟是个好的开端（我妈妈买的洗衣粉去污能力特别强）。我还喜欢用杯子喝水。

我总是不停地说话。虽然我现在只能说那么几个词，不过我可以自己造词。反正，我总是讲一些别人听不懂的话！

我会用手指指东西。

我能听懂我自己的名字。

我的个人喜好已经完全确定下来了——我要么喜欢，要么不喜欢；我要么想要，要么不想要。我的这些喜好不会因为外人而发生改变。另外，我想要大家都知道我喜欢什么不喜欢什么。我感情特别丰富，一会儿生气，一会儿高兴，一会儿吃醋，一会儿搞怪，总之，我很善变。

我还没学会如何和其他小朋友一起玩。虽然在我看来，他们很陌生、很奇怪，但是我还是很喜欢观察他们。到目前为止，世界还是在围着我转。

我是一个名符其实的小大人！

我是这个世界上最英俊/美丽、最有趣、最机灵、最优秀的小孩（这是我爸爸妈妈说的）！

早上：喂一次母乳，再配上一小块饼干或面包；或者一瓶240毫升的一段奶粉，别忘了在奶粉中需添加3~4勺的儿童谷物。

➔ 小常识！

还是不能喂食含有巧克力的谷物。

10点：50毫升的果汁（视个人情况而定）。

午餐：可以在吃饭前给宝宝吃些生的食物，比如：西红柿、白萝卜、胡萝卜、小黄瓜……这是不是很缤纷多彩呀？！

猪肉、羊肉、牛肉、鱼肉每天不要超过25克（5勺）。

> 烹饪时，添加一些橄榄油、榛子黄油或半勺奶油。

> 撒点盐。

> 碾成碎块，然后和蔬菜一起搅拌。

可以食用一些奶制品作为餐后甜点，或者给宝宝喂食一些新鲜的水果切片。

下午茶：水果泥、奶制品及饼干或面包片。

还是不能喂食含有巧克力的奶制品，不过可以喂食含有异域水果的奶制品了。

晚餐：蔬菜汤和奶制品。

附录

奶粉剂量一览表

（请参照奶瓶上的刻度）

年龄	水（毫升）	奶粉剂量（勺）	喂奶次数 / 天
两周	90	3	6
1~2个月	120	4	6
2~3个月	150	5	5
3~4个月	180	6	5
4~5个月	210	7	4
5个月以上	240	8	2~4次（搭配一些辅食）+两餐

紧急联系电话

儿科医生：……………………

消防队：……………………

医疗急救中心：……………………

紧急事故求救电话：……………………

我的牙齿

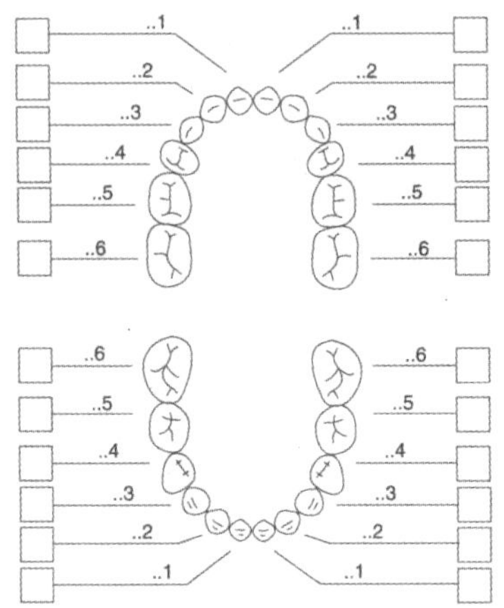

由于每个孩子发育速度不一，所以以下信息仅供参考。此外，孩子对于自己牙齿的生长情况也无能为力，毕竟这不是他自己能决定的。

6个月：长出下颌的一对正中切牙

8~10个月：长出上颌的一对正中切牙

10~12个月：长出上颌紧贴中切齿的一对侧切牙

10~14个月：长出下颌紧贴中切齿的一对侧切牙

1岁：宝宝有8颗牙

12~18个月：长出下颌的一对第一乳磨牙

12~18个月：长出上颌的一对第一乳磨牙

12~24个月：长出下颌侧切牙与第一乳磨牙之间的尖牙

12~24个月：长出上颌侧切牙与第一乳磨牙之间的尖牙

20~30个月：长出下颌的一对第二乳磨牙

20~30个月：长出上颌的一对第二乳磨牙

3岁：长齐20颗乳牙（8颗切牙、4颗尖牙和8颗乳磨牙）

小常识！

宝宝出牙时的症状：

流口水

吮吸手指、咬奶嘴……

牙龈发红、变肿……

不想吃东西

脾气变得暴躁

晚上易哭

喜欢黏着母亲

拉肚子、屁股发红

发烧

应对措施：

给宝宝涂抹一些牙胶

给宝宝戴软环牙套（戴之前最好冷却一下）

给宝宝服用顺势疗法小丸剂（请咨询药剂师）

给宝宝服用止痛药（请咨询医师）

我的第一次（日期+趣事）

第一个天使般的微笑：

第一个真正意义上的微笑：

第一个熟睡的夜晚：

说的第一个“啊哦”：

第一次翻身：

第一次________：

第一次手脚并用地往前爬：

长的第一颗牙：

第一次站立：

叫的第一声“爸爸”：

叫的第一声“妈妈”：

做的第一件蠢事：

第一次旅行：

第一次分离（仅几天）：

第一次__________：

第一个和保姆一起度过的夜晚：

迈出的第一步：

第一次__________：

第一次坐旋转木马：